金属有机配位聚合物的
合成、结构及荧光性能研究

■ 何丹凤 著

中国纺织出版社有限公司

内 容 提 要

本书利用 S 区碱金属离子 Cs^+ 和 $H_3BTPCA(2,4,6-$ 三异哌啶酸 $-1,3,5-$ 三嗪）配体合成了蓝色荧光发射并含有游离 NH_4^+ 抗衡阳离子的离子型，将其用于荧光发射调控和白光发射材料的研究。去除了复杂的调制过程，清晰地展现了分别以不同浓度的稀土金属离子 Tb^{3+} 和 Eu^{3+} 对化合物荧光颜色进行调控，并且通过稀土金属离子 Tb^{3+} 和 Eu^{3+} 对化合物的双离子交换，实现了化合物的白光发射。通过进一步研究发现，通过改变化合物的激发波长，白光发射可以更简便地通过仅引入一种稀土离子 Eu^{3+} 来实现。本书提供了一种可行的方法来制备新型荧光材料，使 s-MOCPs 在荧光功能材料中得以拓展和应用。

图书在版编目（CIP）数据

S 区金属有机配位聚合物的合成、结构及荧光性能研究 / 何丹凤著 . -- 北京：中国纺织出版社有限公司，2025.8

ISBN 978-7-5229-1811-2

Ⅰ . ① S… Ⅱ . ①何… Ⅲ . ①金属复合材料－配位高聚物－研究 Ⅳ . ① TG147

中国国家版本馆 CIP 数据核字（2024）第 110548 号

责任编辑：刘桐妍　　责任校对：王蕙莹　　责任印制：储志伟

中国纺织出版社有限公司出版发行
地址：北京市朝阳区百子湾东里 A407 号楼　邮政编码：100124
销售电话：010—67004422　传真：010—87155801
http://www.c-textilep.com
中国纺织出版社天猫旗舰店
官方微博 http://weibo.com/2119887771
河北延风印务有限公司印刷　各地新华书店经销
2025 年 8 月第 1 版第 1 次印刷
开本：787×1092　1/16　印张：11
字数：190 千字　定价：89.90 元

前　言

　　本书以设计和开发新型荧光金属有机配位聚合物 (MOCPs) 材料为目标，利用 S 区金属离子和具有荧光性质的刚性、柔性、混合配体，在水热或溶剂热的条件下，组装合成一系列具有活性位点的发光 S 区金属有机配位聚合物 (s-MOCPs)，并利用单晶 X- 射线衍射分析、元素分析、粉末 X- 射线衍射分析、傅里叶红外光谱分析、热重分析、气体吸附分析、紫外—可见吸收光谱分析、荧光光谱分析等技术手段对其结构和性质进行了表征和分析研究。在分子水平上探讨了 s-MOCPs 的空间构型、合成条件和性质规律，表征它们的单晶结构，深入研究其荧光性质、传感检测和发光调控等性能。本书的主要创新性工作分为以下几个方面：

　　选用 S 区金属离子 Sr^{2+}/Ba^{2+} 与刚性、蓝色荧光发射的有机配体 H_3BTPCA (2,4,6- 三异哌啶酸 -1,3,5- 三嗪)，在温和的溶剂热合成条件下，组装得到两个新颖的荧光 s-MOCPs：$Sr(H_2BTPCA)(H_2O)(1)$ 和 $Ba(H_3BTPCA)(DMF)(2)$，(DMF=N,N- 二甲基甲酰胺)。化合物 (1) 和 (2) 结构上的路易斯碱活性位点可以与外部的金属离子相互作用，引起其荧光性质的变化，可用作金属离子传感，并通过引入稀土金属离子进行荧光颜色调控和白光发射研究。s-MOCPs 的发光性质及其荧光传感性能的作月机理被深入探讨。本项研究为可控合成具有应用潜能的低成本荧光材料提供了有价值的参考。

　　选用 S 区金属离子 Sr^{2+} 与柔性、黄绿色荧光发射的有机配体 H_4ABTC (3,3',5,5',- 偶氮苯四甲酸) 合成了结构稳定、具有活性位点的气体荧光传感材料：$Sr(H_2ABTC)(DMF)(H_2O)(3)$，并自制了荧光传感指示盒，当化合物与胺类气体相互作用时，其荧光发射能够发生显著增强和发射位置红移，使荧光颜色发生变化，制备方便、快速、无干扰且可重复的荧光检测目标气体。本书深入探讨了荧光传感机理，包括闭环导致荧光发射增强效应和共轭体系增强效应。本书在生物医药、食品质量、环境监测和其他领域具有应用前景。

选用荧光较弱的配体 H_2bqdc(2,2-联喹啉 -4,4-二甲酸) 与配体 phen(1,10-邻菲啰啉) 形成混合配体，与不发光、低成本的 S 区碱土金属离子 Sr^{2+} 构筑了螺旋桨分子构型的 s-MOCPs：$H_2Sr_2(bqdc)_3(phen)_2$(4)。这种独特的分子构型可以避免紧密的 $\pi \cdots \pi$ 堆积作用，从而降低非辐射能量损失，使化合物 (4) 的荧光发射与单独配体相比显著增强。通过竞争配位取代作用，化合物 (4) 对有机污染物 3-AT(amitrole，除草强) 表现出显著的猝灭传感效果，并可以利用紫外灯和测试条方便检测 3-AT；同时，其晶体孔道中的路易斯碱活性位点与有毒的重金属离子 Cd^{2+} 相互作用导致荧光猝灭，并具有低的检测限、良好的再生能力和重复使用性，显示了该化合物的应用潜能。

在课题组前期工作的基础上，利用 S 区碱金属离子 Cs^- 和 H_3BTPCA(2,4,6-三异哌啶酸-1,3,5-三嗪) 配体合成了蓝色荧光发射并含有游离 NH_4^+ 抗衡阳离子的离子型 s-MOCPs：$(NH_4)_3[Cs_3(BTPCA)_2(DMF)_3]$(5)，并将其用于荧光发射调控和白光发射材料的研究。去除了复杂的调制过程，通过离子交换后合成方法，清晰地展现了分别以不同浓度的稀土金属离子 Tb^{3+} 和 Eu^{3+} 对化合物荧光颜色进行的调控，并且通过稀土金属离子 Tb^{3+} 和 Eu^{3+} 对化合物的双离子交换，实现了化合物的白光发射。通过进一步研究发现，通过改变化合物的激发波长，白光发射可以更简便地通过仅引入一种稀土离子 Eu^{3+} 来实现。

本书受琼台师范学院"琼台文库"专著出版基金资助，提供了一种可行的方法来制备新型荧光材料，使 s-MOCPs 在荧光功能材料中得以拓展和应用。

何丹凤

2024 年 12 月

目　录

第一章 绪 论

金属有机配位聚合物（MOCPs）由金属离子与各类有机配体组装而成，其具有高度规整且无限延伸的网络空间构型，正以新颖的结构和优质的性能呈现稳步发展态势[1-6]。在 MOCPs 的结构组成中（图 1.1），金属中心离子作为节点或桥联剂，利用配位键、氢键、$\pi \cdots \pi$ 堆积作用及范德华作用力，使 MOCPs 生长为零维、一维、二维和三维等新颖的超分子结构[7]。由于有机配体选择面广，且可剪裁可修饰，MOCPs 的性能丰富多变。化学研究者们根据以上金属离子和配体的性能特点，将其进行组装使多功能复合，从而完成开发新颖功能材料的使命。MOCPs 材料在社会需要的推动下飞速发展，在光学、气体储存和分离、磁性、催化、电学和生物等领域的研究方兴未艾，为新型材料的研发提供动力和支持，目前正在更开放地朝纵深方向发展[8-15]。

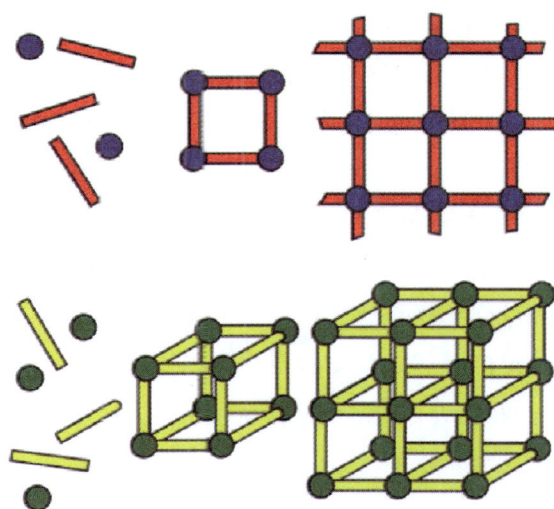

图 1.1 金属—有机配位聚合物的形成[16-17]

1891 年，第一位获得诺贝尔化学奖的无机化学家 —— 近代配位化学奠基人 A.Werner 创造性地将空间结构理论系统化，提出了配位学说[18]。一百多年以来，配位化学经历了不同的发展阶段，目前，配位化学已处于无机化学研究的主导地位[19-20]。不仅从此打破传统有机—无机化学间的界限，而且广泛地与分析、物理、材料、环境、生物和高分子化学等学科交叉，呈现不断融合之势，成为当代化学最活跃、最繁荣的前沿热点学科之一[21]。

现代化学中最具有挑战性的研究领域之一，就是科学而合理地设计和合成具有功能性质和应用前景的材料。例如 Yaghi[22-24] 等对线性配体长度进行修饰和改变，合成了与 MOF-5 同拓扑构型的 IRMOF 系列 MOCPs，如图 1.2 所示。

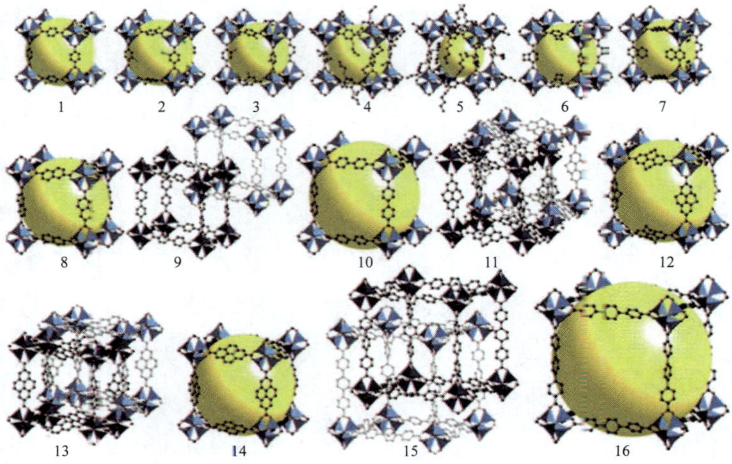

图 1.2　金属—有机配位聚合物与配体的系列结构

该系列化合物具有从 3.8 Å 到 28.8 Å 大小不等的孔径，是有优秀潜能的气体存储系列材料。他们还发展了 ZIF 系列大孔道、大比表面积、强稳定性的咪唑基类分子筛 MOCPs[25]。Kitagawa 等[26-27]从历史发展的角度，将性能逐渐增强 MOCPs 材料的发展分为三代，如图 1.3 所示。第一代：失去客体分子会发生不可逆分解的 MOCPs；第二代：失去客体分子可保持架构但对外部环境变化无法响应的 MOCPs；第三代：呈柔性骨架结构，并可以对外部环境变化进行动态响应。

由美国化学会发行的国际权威化学类评论刊物 Chem.Rev. 曾发表专刊，用大篇幅介绍了关于 MOCPs 的设计、合成及其在气体存储、催化、生物医学、吸附分离、光学、电学、磁学等方面的研究现状和发展方向，对该类材料前景十分看好；英国皇家化学会的评论刊物 Chem.Soc.Rev. 对功能材料 MOCPs 进行了大量介绍，并对这一类功能材料的广泛应用前景进行了预测和展望[28-43]。

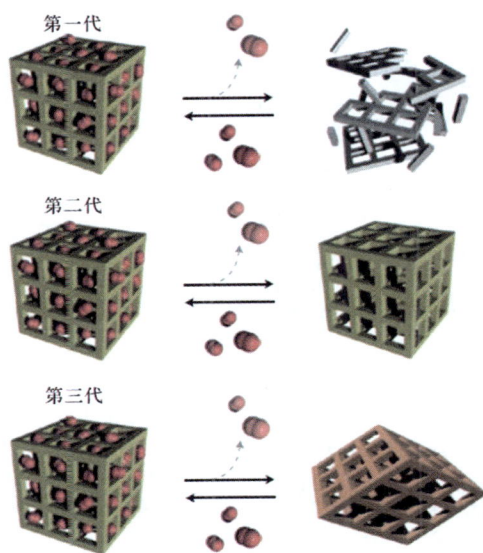

图 1.3 三代金属—有机配位聚合物的发展

MOCPs 按照其金属离子的种类来划分，常被分为主族 MOCPs、过渡 MOCPs 和稀土 MOCPs。相比较于基于过渡金属和稀土金属的 MOCPs，科学界对于包括 S 区金属在内的主族金属 MOCPs 的理论和实验研究较少，其合成较为困难，应用领域也鲜有突破。从广义上说，在配位化学的研究中，S 区的碱金属及碱土金属与有机配体形成的配位聚合物，在很大程度上还是未知的。

在传统的基于荧光 MOCPs 的研究中，其金属离子组成几乎全部选用稀土金属。然而，稀土金属价格较高，大量使用或广泛应用必然存在限制和困难。相对于稀土金属而言，碱和碱土金属比较廉价而易得，用于功能材料合成可以大幅降低成本。因此，若利用 S 区金属合成具有光性能的 MOCPs，并对其进行理论和应用研究，将具有特殊的意义和价值。本论文主要研究和讨论以 S 区金属为中心离子的 MOCPs，简称 s-MOCPs。

1.1 s-MOCPs 概述

S 区的金属共有 13 种，其中包括化学元素周期表中的 Ⅰ A 族元素中的碱金属（alkali metal）和 Ⅱ A 族元素中的碱土金属（alkaline earth metal）。其中，碱金属有锂（Li）、钠（Na）、钾（K）、铷（Rb）、铯（Cs）、钫（Fr）六种元素；碱土金属有铍（Be）、镁（Mg）、钙（Ca）、锶（Sr）、钡（Ba）、镭（Ra）、*（Ubn）七种元素。

根据文献报道，目前已有 43 种金属离子用于构筑 MOCPs 中心。不同金属离子有差异的半径大小和核外电子排布，导致其配位构型区别很大，进而得到结构和性质多样化的 MOCPs[44]。众所周知，同周期半径小的金属离子带电荷更高，可能形成更稳定的配位场。而 S 区金属原子最外层电子分别以 ns^1 和 ns^2 排布，就原子半径而言其在同一周期中最大；从第一电离势来说，其在同一周期中最低；从活泼性来说，其最容易失电子；从氧化态来说，其氧化态单一。因此，S 区金属有机配位聚合物的定向合成相对较难。大量文献表明，S 区金属离子的配位能力比过渡和稀土金属弱很多，属于"惰性离子"，只能靠其库仑作用力与 O、S 和 N 等供电子原子配位，离子偶极和离子诱导偶极效应在完成配位过程中起主导键合作用[45-49]。有研究认为，共用的电子有可能从占用的配体转移到了 s- 或 p- 空轨道，形成共价作用[50]。而且 S 区金属离子特别易于形成水合离子，从而抑制了金属与配体桥联形成无限延伸结构。因此，S 区金属很少被选作设计和合成 MOCPs 的建筑单元，这主要是因为它们受自身原子的小电荷、大体积和小电负性影响，难以形成稳定的配位场。

碱金属离子的配位场稳定性差，Na^+ 有较规律的配位数和配位构型，K^+ 的配位数和配位模式趋于变化，而其他离子配位数不规律。碱土金属离子的配位数范围宽至 2 ~ 13，所形成 MOCPs 的空间构型随着配体的改变而无规律地变化[51-52]。总体来看，碱土金属离子配位数随离子半径增加而增大。最高配位数和配位基团一般随原子半径的增大而增大，即 $Mg^{2+[53-54]} < Ca^{2+[55-56]} < S^{-2-[57-58]} < Ba^{2+[59-61]}$，而其配位的配体范围一般随原子半径的增大而缩小，即 $Mg^{2+} > Ca^{2+} > Sr^{2+} > Ba^{2+[62]}$。具体如表 1.1 所示[63]。

表 1.1 碱土金属离子与配体的配位数范围表

金属离子	常见配位数	最高配位数	配位数范围	配位基团
Be^{2+}	4	4	2 ~ 4	酯、苯酚、酮、醇、甘油、糖、羧酸
Mg^{2+}	6	7	2 ~ 7	酯、苯酚、酮、醇、甘油、糖、羧酸
Ca^{2+}	6, 7, 8	9	3 ~ 9	酯、苯酚、酮、醇、甘油、糖、羧酸
Sr^{2+}	7, 8, 9	12	3 ~ 9	酮、醇、甘油、糖、羧酸
Ba^{2+}	7, 8, 9	12	6 ~ 12	甘油、糖、羧酸

s-MOCPs 的空间构型随着配位数的增加而呈现多维化和复杂化,数据总结详见表 1.2[64-65]。另外,K.Yvon 等 [66] 对配位数超过 10 的碱土金属配位聚合物的几何构型进行了归纳。

表 1.2 S 区金属—有机配位聚合物的空间构型和配位数

配位数	空间构型范围	常见空间构型
2	直线型	直线型
3	平面三角形	平面三角形
4	四面体	四面体
5	四方锥或三角双锥	四方锥或三角双锥
6	八面体或三角棱柱	八面体或三角棱柱
7	单帽三角棱柱或单帽八面体或五角双锥体	单帽三角棱柱
8	四方反棱柱体或二帽三角棱柱体	四方反棱柱体
9	三帽三角棱柱体或单帽四方反棱柱体	三帽三角棱柱体
10	二帽四方反棱柱体	二帽四方反棱柱体

由此可见,S 区金属离子跨度极大的配位数、难以预测的最终结构和尚未被认识到的潜在应用,使其发展相对于稀土、过渡金属而言受到了较大的局限和制约 [67-69]。s-MOCPs 的制备是难以彻底把握的复杂过程,迄今为止,很多配体仅获得零星的 s-MOCPs。然而,在目前对 s-MOCPs 的研究不够系统和充分的情况下,一些具有优秀功能性质的 s-MOCPs 不断涌现。其潜在的优势如廉价、无毒(或低毒)和易溶解,势必使 s-MOCPs 引起研究者们越来越多的关注,目前,s-MOCPs 正在以丰富的配位模式和多变的空间构型充实着配位化学理论 [70-73]。

1.2 s-MOCPs 的合成研究

理论上,在元素周期表中,各区的金属离子形成 MOCPs 能力大小为 d 区 > p 区 > f 区 > S 区。d 区金属具有强的配位场,有效核电荷高,使电子屏蔽原子核的能力弱,导致对配体的吸引力强。而 S 区金属离子电荷小,体积大,导致没有稳定的配位场,对配体吸引力很弱 [74-79]。同时,无规律且较大的配位数也给

s-MOCPs 的定向组装造成困难。近年来，一部分研究者们坚持不懈地探索实验，成功获得了一些 s-MOCPs，以及部分可供参考的合成策略。下面就文献报道的关于 s-MOCPs 合成的一些反应条件对产物的影响进行综述。

溶剂：S 区金属对氧供体具有高度的亲和性，特别易于形成水合金属簇，从而抑制了配体与金属键连。因此，很多工作在溶剂热条件下完成[80-83]。采用单一溶剂或混合溶剂，通过高温高压，在黏度、密度、表面张力及介电常数较低的情况下，使其离子积增大，从而加强了扩散作用和溶解性，增大晶体生长的可能性。另外，溶剂热反应的一个潜在优势是溶剂可能参与配位反应，对于配位数不确定且范围宽的 S 区金属来说，它不仅可作为溶剂、膨化剂和促进剂，同时可能有助于目标产物的满额配位，利于反应进行和生成稳定产物。例如，当 2,6-萘二酸 (ndc) 与 Mg^{2+} 在 H_2O 和 DMF 做溶剂的情况下，可以分别获得不同的晶态 s-MOCPs：$[Mg(DMF)_2(H_2O)_4]\cdot ndc$ 和 $[Mg_3(ndc)_3(DMF)_4]$[84]。在前者中 H_2O 与 Mg^{2+} 配位，阻止了 Mg^{2+} 与 ndc 形成三维网络。而在后者中 DMF 分子与 Mg^{2+} 发生了配位，导致空间结构扭曲和撑开，形成三维多孔的 s-MOCPs：$[Mg_3(ndc)_3(DMF)_4]$，可用于吸附 H_2、O_2、N_2 和 CH_4 等气体。这两个化合物在结构和性能上的巨大差异主要是由于所用溶剂的配比不同。

配体：从宏观角度上说，s-MOCPs 的形成取决于 S 区金属离子与相符合的配体之间有效的键连和组装[35]。文献研究表明，带有羧基官能团的配体与 S 区金属离子具有一定的配位优势。以间苯二甲酸为例，如文献所述，利用其合成的 s-MOCPs 结构数据显示，S 区金属仅与羧基配位，而未与其 5 位取代基—OH 或 NO_2 等吸电子基团配位[86]。而另一篇文献报道在 s-MOCPs 的合成中，S 区金属也仅与羧基配位，不能与间苯二甲酸的 5 位取代基—NH_2 配位[87]。同时，就羧基配体而言，含 N、O、S 等原子的杂环羧酸在 s-MOCFs 的形成过程中可能更有竞争力。已有一些杂环的二元酸如五元环的咪唑二羧酸[88-89]、3,5-吡唑二羧酸[90] 等配体能够与 S 区金属离子反应，构筑了性质良好的 s-MOCPs。杂环羧基配体可以提供更多的配位角度和配位作用点，可以增强配体与配位能力弱的 S 区金属离子键连的可能性，有利于合适维数和配位数的 s-MOCPs 的形成。

金属源：除了合适的配体的选择，利用 S 区金属离子作为节点去键连配体形成 s-MOCPs，金属源的挑选非常重要。S 区金属化合物均为无色物质，在 s-MOCPs 的合成过程中常会遇到产物为白色沉淀，实际上有可能其中存在目标产物的微晶，难以辨别。事实上，相对于硫酸盐、硝酸盐或氯化物等强电解质，在 s-MOCPs 反应体系中引入碳酸盐、氢氧化物等溶解度低的化合物作为金属源，可能会降低反应过程中金属离子的释放速度，可以更缓慢而有效地形成合适的单晶。

物料比：由于 S 区金属离子配位能力相对较弱，合成过程中在考虑金属价态、半径、电子构型和配体的配位点、位阻等因素的前提下，可保持 S 区金属离子稍过量。在实验过程中，S 区金属离子过量太多，易产生沉淀，或者简单的金属盐以晶体形式析出；S 区金属离子不足，可能会造成生成配位聚合物时节点不足，生成低维 MOCPs，可能使配体晶体单独析出，也可能仅生成 S 区金属的甲酸盐。s-MOCPs 晶体、S 区金属盐和大多数配体均无色透明物质，给实验过程中的反应情况判断带来了困难。

空间位阻：在反应过程中，空间阻碍效应可能使配体无法顺利地进攻 S 区中心原子。例如，离子半径小的 Mg^{2+} 与磺酸基团作用时，靠近反应中心的位置被水分子占据，Mg^{2+} 无法与大体积的磺酸基团配位，仅与六个水的氧原子形成化合物，而同一主族从上至下随着离子半径增加，降低了各基团的空间拥挤程度，并提高了反应速度，使 Ca^{2+}、Sr^{2+}、Ba^{2+} 可直接与磺酸键连，形成基于磺酸基配体的 s-MOCPs[91]。

pH：在合成 s-MOCFs 的反应过程中，pH 除了可以对酸碱度条件进行控制外，还可以对目标产物结构的维数和配位数产生显著影响。pH 值越高，可导致配体的去质子化程度越大，进而使配体上的配位点越多，导致配体与金属离子的配位可能性越大，并且目标产物维数和配位数越大。对于配位数多变的 S 区金属离子来说，在不同 pH 值的情况下可能得到不同的结果。Thierry Loiseau 等[92] 利用 S 区金属离子 Ca^{2+} 与混合配体在不同 pH 值下合成了 s-MOCPs：$Ca(H_2O)(bpdc)$ 和 $Ca(H_2O)_3(bpdc)$。在这里 Ca^{2+} 配位数分别为 7 和 8。一些研究显示，在很多情况下，pH 值越高，可能对 s-MOCPs 的形成越有利[93]。因此，直接利用 S 区金属的氢氧化物作为金属源来合成 s-MOCPs 也是一种有效策略。例如 Volkringer 等[94] 利用 $Ca(OH)_2$ 与 1,2,4-苯三甲酸配体反应，获得了 s-MOCPs：$Ca(H_2O)[(O_2C)_2-C_6H_3-CO_2H]$；Henry Strasdeit 等[95] 利用 $Ca(OH)_2$ 与六种 α-氨基酸反应制得了不同的 s-MOCPs。

温度：从大量文献中可以看出，s-MOCPs 的合成一般不需要前期热处理，且合成温度控制得相对较低[96-99]。因为实验温度过高可能使目标产物碳化，难以得到完整度高的晶体。

另外，由于配位能力弱，有时 S 区金属离子并不参与配位，而是以阳离子的形式存在[100]。例如，Devautour-Vinot 等[101] 利用碱金属离子 Cs^+ 合成了一个能够吸附苯的含有游离 Cs^+ 的 s-MOCPs。同时，S 区金属离子由于具有自身特性的配位数、配位行为、电负性和水合性等特点，利用相同的金属离子、相同的配体，在微小的合成条件差异下也可能产生不同的结构。例如，Ca^{2+} 与吡啶-2,6-二甲酸形成的 s-MOCPs 有两种不同结构：在 $[Ca_2(L)_2(H_2O)_6](H_2L)_2$ 中的 Ca^{2+} 采用八配位模式；在另一种 Ca^{2+} 的吡啶-2,6-二甲酸盐中 Ca^{2+} 六参与配位[102-103]。

s-MOCPs 的稳定性对其性能开发和应用意义重大，因此，开展对其各项物化参数的理论和实验研究具有重要价值。Demadis 等[104] 近几年致力于合成新型 s-MOCPs，并报道了许多精彩的工作。其中 2014 年，继 MgBPMGLY·H_2O[105] 后，他们又从酸性水溶液中合成了三个稳定性强的基于 S 区金属离子 Ca^{2+}、Sr^{2+}、Ba^{2+} 和膦酰甲基氨酸的 s-MOCPs，CaBPMGLY·H_2O，SrBPMGLY·H_2O 和 $Ba_{3.5}(BPMGLY)_2$·$6H_2O$，并详细分析了以配体为模板所导向的三维 s-MOCPs 的新颖拓扑结构。2015 年，帅琪等[106] 利用微波合成法，获得了两个 S 区金属离子和二茂铁羰基苯甲酸构筑的s-MOCPs：$[Ca(O-fcba)_2·(H_2O)_2]_n$ 和 $[Sr(O-fcba)_2·(H_2O)_2]_n$，并利用元素分析、红外光谱分析、热重分析、粉末 X-射线衍射分析和单晶 X-射线衍射分析详细地比较分析了 s-MOCPs 的结构、键长、电负性、键能和摩尔热容。实验结果表明，该功能材料具备良好的稳定性能。2015 年，Rajasekharan 等[107] 利用 S 区金属离子 Mg^{2+}、Ca^{2+}、Sr^{2+}、Ba^{2+} 与基于吡啶二甲酸及金属铈构筑的具有六个羧基的建筑单元 $[Ce(dipic)_3]$，组装成不同维度的 s-MOCPs：$[Mg(H_2O)_6]_2[Ce(dipic)_3][Ce(dipic)_2(H_2O)_3]·2H_2O$，$[Ca_3(H_2O)_{12}Ce_2(dipic)_6]·6H_2O$，$[Sr_3(H_2O)_{16}Ce_2(dipic)_6]·4H_2O$ 和 $[Ba_2(H_2O)_7Ce(dipic)_3NO_3]·H_2O$，均表现出良好的脱水稳定性和可逆的水吸收能力，展现出有潜力的应用前景。

1.3　s-MOCPs 的应用研究

近年来，各国学者成功合成了越来越多的 s-MOCPs，它们在气体吸附、催化、质子传导、生物活性、抗腐蚀、电学、有害物质去除和荧光材料方面展现出富有前景的应用价值。这类具有新颖拓扑和优良定义的功能性化合物引发大量关注。以下内容将对近几年 s-MOCPs 的应用研究进展进行综述，并着重介绍其作为荧光材料的研究和应用。

1.3.1　s-MOCPs 在催化材料方面的研究

s-MOCPs 已经展现出高效的催化性能，可用作聚合、有机化学反应中的催化剂[108-112]。Monge 等[113-116] 在 MOCPs 用作催化剂方面做了大量卓有成效的工作。

其中，他们利用 S 区金属离子 Ca^{2+}、Sr^{2+}、Ba^{2+} 与蒽醌-2,6-二磺酸合成了四个新颖的高稳定性 MOCPs[117]，并应用于烯烃加氢和酮硅氢化的催化剂，可对乙苯实现 100% 的选择性，成为有前途的价格便宜、环境友好的催化剂材料（图 1.4）。

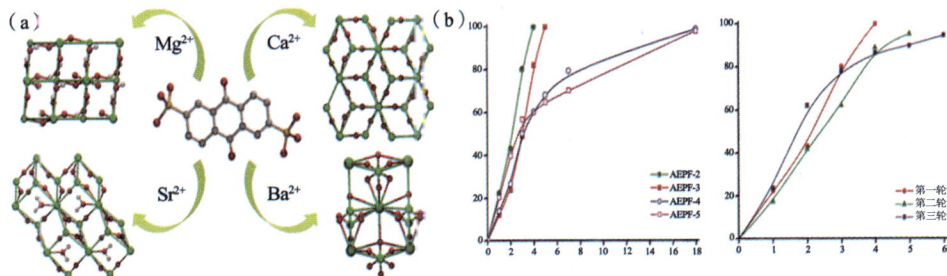

图 1.4 (a) 金属—有机配位聚合物的多面体结构；(b)（左）催化苯乙烯加氢反应动力学图；
（右）催化连续反应循环的动力学曲线

2014 年，Koner 等[118] 利用 S 区金属离子 Ca^{2+} 与白屈氨类羧酸水热合成了 s-MOCPs，热稳定性高达 540℃。令人欣喜的是，该 s-MOCPs 脱水活化后可用作催化克莱森—施密特反应的催化剂，且表现出环境友好和易回收的良好性能（图 1.5）。催化实验研究表明，其清洗后可重复使用，且在使用过程中没有出现明显的催化活性损失。

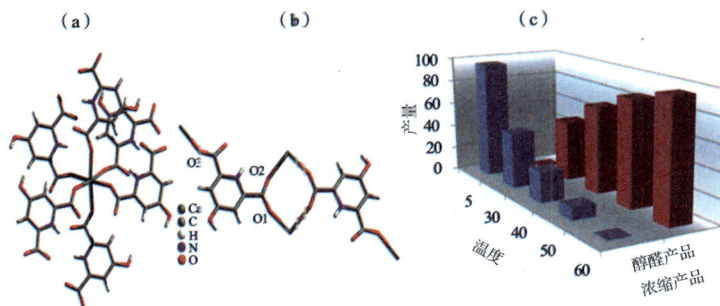

图 1.5 (a) 金属—有机配位聚合物中镁离子的配位环境；(b) 金属—有机配位聚合物中配体的配位模式；(c) 不同温度下活化金属—有机配位聚合物的催化效能

另一个经典的将 s-MOCPs 应用于催化的例子是 Amghouz 等[119] 利用 S 区金属离子 Na^+ 及稀土离子 Y^{3+}，与具有手性结构的酒石酸配体，以及第二配体对苯二甲酸或联苯二甲酸构筑了两个 s-MOCPs（图 1.6）。通过大量的实验证实了 $[NaY(Tart)(BDC)(H_2O)_2]$ 和 $[NaY(Tart)(BPDC)(H_2O)_2]$ 可以被用作路易斯酸催化剂来催化苯甲醛的缩醛化反应。

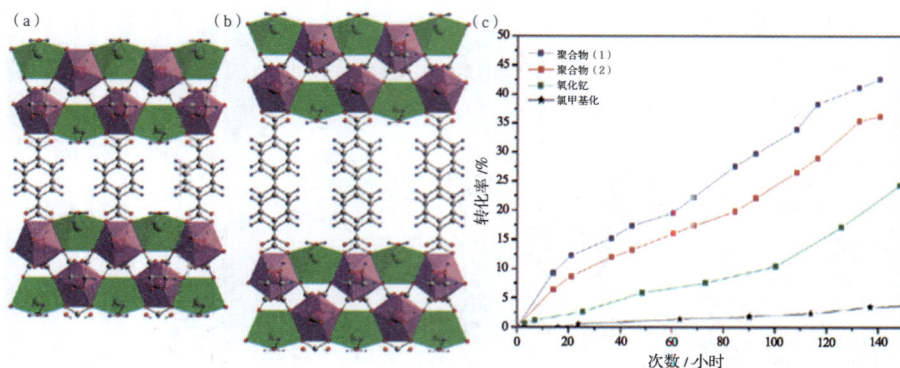

图 1.6　Na$^+$ 和 $^{Y3+}$ 构筑的金属—有机配位聚合物的结构图；(b) 沿 c 轴结构图；(c) 金属—有机配位聚合物与氧化钇的苯甲醛缩醛化催化活性对比图

2012 年，Koner 等[120]利用 S 区金属离子 Ba^{2+} 和吡唑二羧酸配体在水热条件下合成了具有 $\mu3$-$\eta2:\eta1$ 金属离子桥接配位的三维 s-MOCPs：[Ba(Hdcp)H$_2$O]$_n$，该化合物表现出优秀的羟醛缩合催化性能，完全不受空气和湿度影响，是一种有竞争力的可回收催化剂材料。

1.3.2　s-MOCPs 在导电材料方面的研究

近年来，基于 MOCPs 材料的质子传导材料不断被成功开发[121-135]。s-MOCPs 作为质子导体材料随之进入了研究者们的视野，其有助于从分子水平确立质子传递的机制，展示其独特的应用特性。

2015 年，Kuang-Lieh Lu 等[136]利用 S 区金属离子 Sr^{2+} 和 1,2,4-苯三羧酸在水热条件下合成了可作为半导体材料的三维 s-MOCPs：[Sr(Hbtc)(H$_2$O)]$_n$（图 1.7）。实验测量和密度泛函理论计算结果表明，这个基于碱土金属的材料具有 2.3 电子伏特的带隙，与硒化镉、碲化锌、碲化镉等半导体材料相比有一定优势，显示出令人鼓舞的 s-MOCPs 材料的潜在应用前景。Rahul Banerjee 等[137]利用 S 区金属离子 Ca^{2+}、Sr^{2+}、Ba^{2+} 与 4,4'-磺基苯甲酸合成了三个新颖的 s-MOCPs，不仅显示出有趣的结构，更具有诱人的质子传导潜能。

2015 年，Mandal 等[138]利用 S 区金属离子（Ca^{2+}、Sr^{2+} 和 Ba^{2+}）与 3-氨基-1,2,4-三唑-5-羧酸配体构筑了三种独特的配位聚合物 [Ca(3-AmTrZAc)(5-AmTrZAc)(H$_2$O)]、[Sr(3-AmTrZAc)$_2$(H$_2$O)] 和 [Ba(3-AmTrZAc)$_2$(H$_2$O)]（图 1.8），并对其带隙能量、密度、稳定性进行了详细研究比对，利用密度泛函理论研究表明了由碱土金属产生内部电场抗衡的变化产生了异构体不同的稳定性。

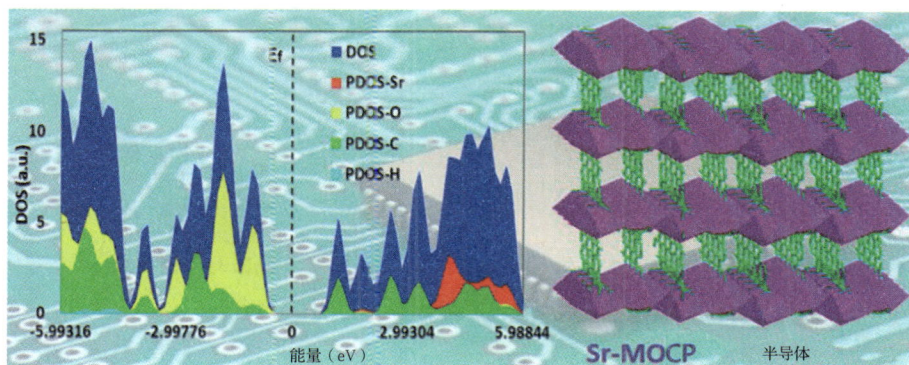

图 1.7　金属—有机配位聚合物的能带结构图和层状金属—有机配位聚合物中的的氢键图

图 1.8　(a)碱土金属—有机配位聚合物的结构多样性示意图；

(b)金属—有机配位聚合物的点电荷图；(c)金属—有机配位聚合物的状态密度图

Tien-Wen Tseng 等[139]利用 Mg^{2+} 与 1,10-邻菲啰啉和 1,4-苯二甲酸得到了一个低介电 s-MOCPs：$[Mg(phen)(BDC)]_n$。这种材料具有高的化学稳定性和低介电常数 3.33±0.1（100 kHz），达到了迄今为止报道的基于 Mg^{2+} 的 MOCPs 材料的最低值。此外，依赖于温度的电介质的研究实验结果显示，其低介电常数可以保持在更宽的温度范围。2014 年，臧双全等[140]利用 S 区金属离子 Mg^{2+}、Sr^{2+}、Ba^{2+} 与一个四羧酸配体合成了 $[Mg(BPTC)_{0.5}(H_2O)_3]\cdot 5H_2O$、$[Sr_2(BPTC)(H_2O)_6]\cdot H_2O$ 和 $[Ba_6(BPTC)_3(H_2O)_6]\cdot 11H_2O$ 三和结构复杂的稳定材料。这三个 s-MOCPs 均存在适合的质子传输途径，展现出优良的质子导电性，该研究依据实验结果推测了其质子转移机理，并证实了它们是有前途的质子传导材料（图 1.9）。

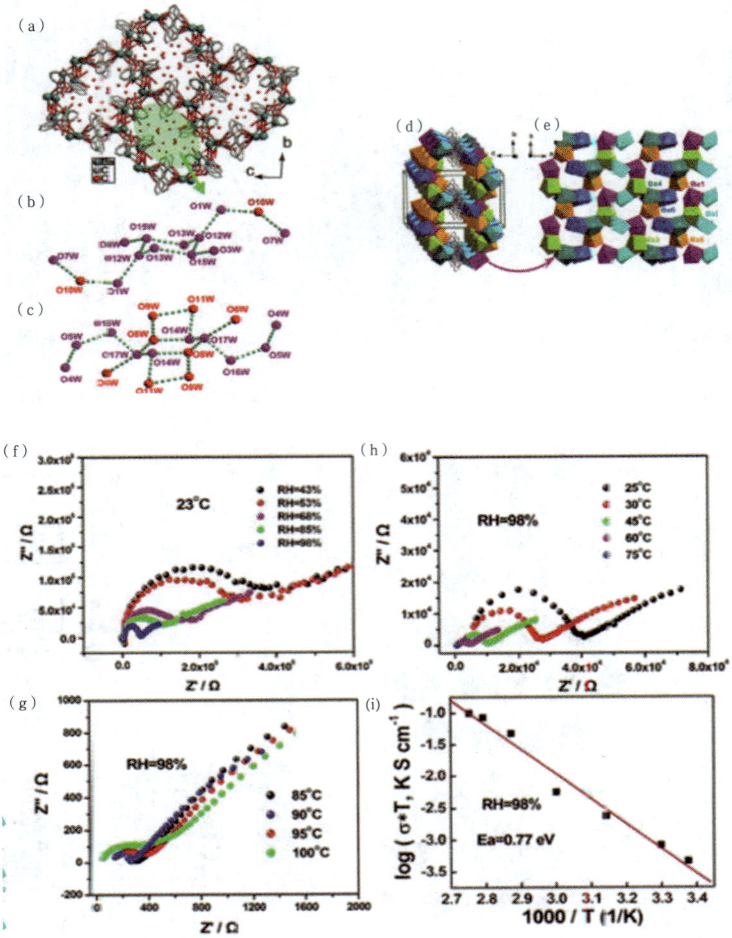

图 1.9 （a）金属—有机配位聚合物在 a 轴方向的一维构型图；（b）和（c）质子传导路径图；（d）金属—有机配位聚合物中无机层的三维网状图；（e）金属—有机配位聚合物的阻抗谱；（f）—（h）金属—有机配位聚合物在 93% 湿度下的不同温度变化图；（i）金属—有机配位聚合物中质子电导示意图

1.3.3　s-MOCPs 在气体吸附、储存、分离方面的研究

作为一类新型的多孔材料，基于 S 区金属离子的晶态多孔 MOCPs 展现出独特优势的气体吸附、存储和分离性能，近几年涌现出许多经典工作。

Kitagawa 等[141-144] 在 s-MOCPs 的合成及应用中做了大量研究。2011 年，他们采用 S 区金属盐 Ba(NO$_3$)$_2$ 和 H$_3$BTB 配体反应得到 s-MOCPs：[Ba(HBTB)(DMF)]·2DMF·3H$_2$O，其 Langmuir 比表面积为 879 m^2/g，并且具有不饱和的钡金属位点（图 1.10）。2012 年，他们利用 S 区金属离子 Ba^{2-} 在水热条件下获得了第一例由芳香羧酸盐配体合成的 s-MOCPs，该化合物具有新颖的重复 Ba$_9$O$_{54}$ 集群金属簇节点、稳定的孔道和开放的路易斯酸性金属活性位点，利用 Planton 计算其溶剂可及空间为 34.3%，对 CO_2/CH_4 气体分离有很好的效果。该项研究开拓性地探索了半径大的金属离子与小芳香烃配体对构筑多孔 I^3O^0 化合物的影响。

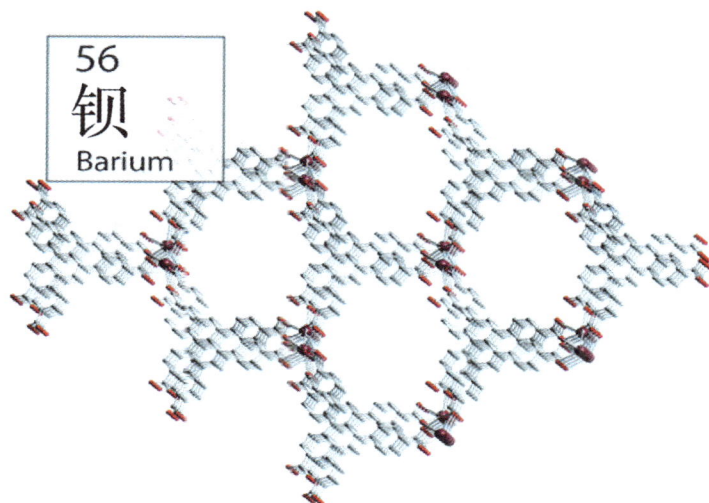

图 1.10　多孔晶态金属—有机配位聚合物的晶体结构图

Maji,T.K 等 [145] 报道了一个利用 S 区金属离子 K^+ 和草酸构筑的 α–Po 型三维 s-MOCPs：$[KHo(C_2O_4)_2(H_2O)_4]_n$（图 1.11）。在其加热除去金属离子中心 K^+ 上的配位水分子之后，展现出稳定而规则的 $3.6×3.6Å$ 的孔道，根据热力学密度泛函理论计算，孔道中的 K^- 活性位点可以与氢气强烈相互作用，使该 s-MOCPs 展现出优异的尺寸选择吸附活性和储氢能力。

图 1.11　(a) 带有 K^+ 和 Ho^{3+} 金属—有机配位聚合物的框架图；

(b) 77 K 时金属—有机配位聚合物对 CO_2 和 H_2 的吸附等温线

2012 年，Jerey R.Long 等 [146] 扩展了经典的金属有机配位聚合物 MOF-74 的结构：利用基于 S 区金属离子 Mg^{2+} 和 4,4'-二氧化-3,3'-联苯二羧酸合成了多孔 s-MOCPs：$Mg_2(dobpdc)$，并利用其结构特征进行低压二氧化碳捕捉。实验结果表明，$Mg_2(dobpdc)$ 具有大容量和高选择性的吸附功能（图 1.12）。

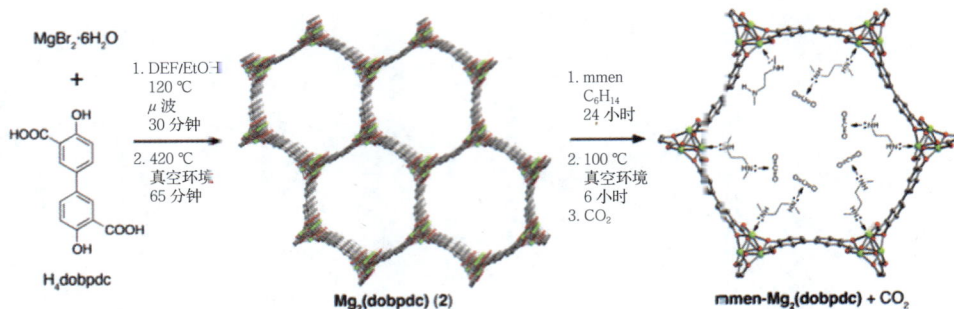

图 1.12　金属—有机配位聚合物的合成路线图

Millange 等[147]获得了基于 S 区金属离子 Li^+ 为中心的三维 s-MOCPs 结构，其晶胞中存在罕见的四个三配位的锂簇（图 1.13），该化合物可以通过加热实现单晶到单晶转化，并形成另一个开放的框架，其内部的不饱和的三角平面锂簇中心可以可逆循环地结合和去掉结晶水，而不产生结晶度的损失。同时，该 s-MOCPs 脱水活化后显示出相对于氮气可选择性地优先吸附二氧化碳气体的优良性能。

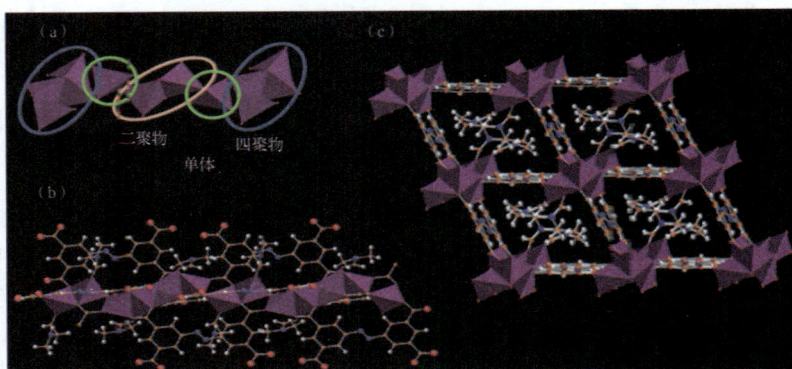

图 1.13　金属—有机配位聚合物结构图：(a)建筑单元；(b)四羧酸基团的无机链排列；
(c)DMF 分子堆叠胡菱形通道图

同时，MOCPs 对有害物质展现出优良的吸附能力。2013 年，Devautour-Vinot 等[148]利用一个基于 Cs^+ 的特殊结构的 MOCPs：MIL-141(Cs) 吸附有害物质苯（图 1.14）。该研究通过蒙特卡罗模拟和实验建模讨论，比较了化合物与沸石中客体与金属离子的相互作用，并采用介电弛豫谱和分子动力学仿真实验，证实了含 Cs^+ 化合物的吸附性能。同时，他们还比较分析了基于 S 区金属离子 Li^+、Na^+、K^+ 和 Rb^+ 的 s-MOCPs 吸附性能。

14

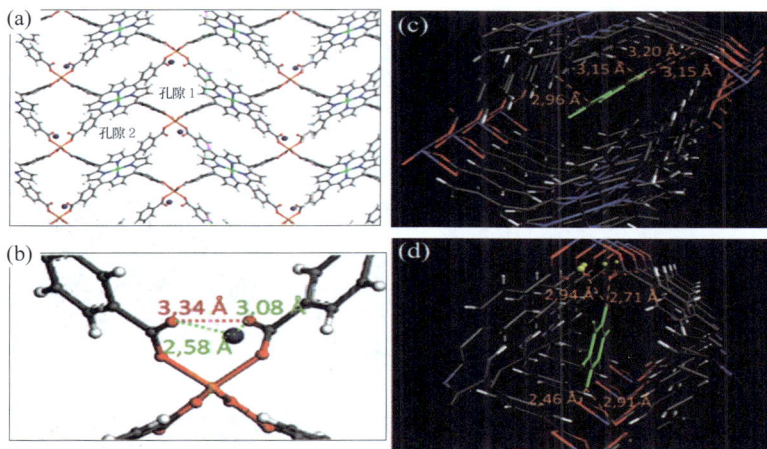

图 1.14　(a)金属—有机配位聚合物的框架结构图; (b)Cs$^+$的配位图; (c)蒙特卡罗模拟孔 2 结构图; (d)蒙特卡罗模拟孔 2 结构图

1.3.4　s-MOCPs 在防腐材料方面的研究

s-MOCPs 的特殊性引起了研究者们对这类化合物在防腐方面应用的探索热情[149-150]。Demadis 等[151-152]在将碱土金属有机配位聚合物应用于钢铁防腐方面做了很多优秀的先驱性工作。其中,2010 年,该小组以碱土金属离子 Ca^{2+} 和外消旋 1-羟基-1-膦基-乙酸在 pH=6 的条件下,合成的线型 s-MOCPs 内含有两种晶体学独立的 Ca^{2+},分别为六配位和八配位[153]。抗腐蚀实验结果表明,这个 s-MOCPs 在 pH=7 的条件下能够在碳钢表面形成保护层,可有效防止碳钢的腐蚀和氧化(图 1.15)。

图 1.15　(a)金属—有机配位聚合物薄膜对碳钢的防腐作用实验效果图; (b)防腐膜形态及参数图

1.3.5　s-MOCPs 在铁电材料方面的研究

最近几年,关于 MOCPs 作为单分子铁电体的研究越来越多。其中,经典的工作之一是任小明等[154]报道的一个高度热稳定的基于 S 区金属离子 Sr^{2+} 和对苯二羧酸的 s-MOCPs：$[Sr(DMF)-(\mu-BDC)]$，能够在对基质表面进行适当的处理后，从 $Sr(NO_3)_2$ 和 H_2BDC 的混合溶液中原位合成。实验研究显示了该化合物优秀的铁电性能，展现出 s-MOCPs 在铁电材料领域的应用潜能（图 1.16）。

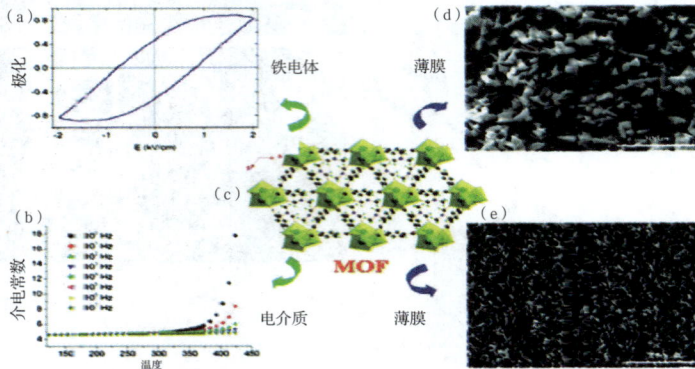

图 1.16 (a)室温下金属—有机配位聚合物的滞后回路；(b)介电常数与介电损耗的关系图；(c)极化反转示意图；(d) 薄膜的 SEM 图；(e)铝箔上金属—有机配位聚合物薄膜的横截面图

2013 年，郭平春等[155]选用 S 区金属离子 Sr^{2+} 和对苯二甲酸配体，水热合成了稳定性良好的 s-MOCPs。对实验结果进行详细分析后发现，该化合物中产生铁电性能的主要因素是其内部极化了的 DMF 分子。该项研究展示了基于碱土金属离子的 s-MOCPs 能够呈现出优秀的介电性能和铁电性能（图 1.17）。

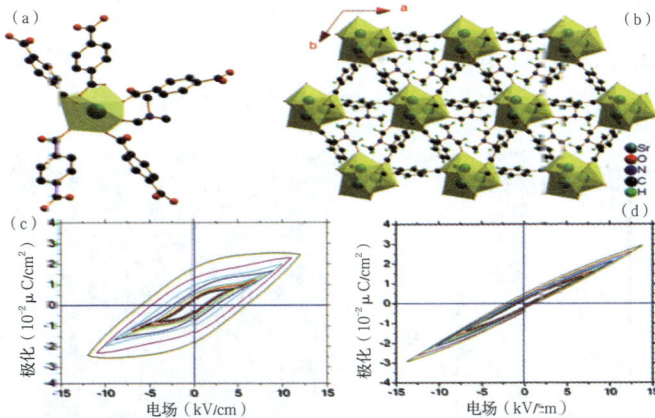

图 1.17 (a)Sr^{2+} 离子的配位环境图；(b)沿 c 轴的金属—有机配位聚合物结构图；(c)金属—有机配位聚合物的极化与电场的关系图；(d)铁电极化与电场的关系图

1.3.6 s-MOCPs 在生物医药方面的研究

近年来由于一些 s-MOCPs 呈现出低毒性和生物必需性等特点，使其在生物领域受到了越来越多的关注。Rb^+、Cs^+ 等重稀碱金属离子在生物体内的存在，可以提供关于许多疾病发生和发展的信息。因此，已经有越来越多的研究者们开始重视和致力于具有生物医药应用前景的 s-MOCPs 的研究[156-167]。目前相关研究主要集中在 S 区金属离子和有机羧酸类、冠醚类、唑类和环糊精等的相互作用[168-176]。事实上，S 区金属离子具有的生命活性，诸如叶绿素中的 Mg^{2+}、软体生物贝壳中的 Ca^{2+} 和脊索动物骨质中的 Ca^{2+} 等，作为人体必需微量元素，Na、K、Sr 等在生物体内有着不可替代的作用[177-183]。因此，探究基于 S 区金属的 MOCPs 的结构和性质，有利于解释和利用其在生物体系中的化学反应及功能。

2013 年，王建国等[184]利用不同的 S 区金属离子与环状二肽配体 2,5-哌嗪二酮-1,4-二乙酸合成了一系列具有生物特性的 s-MOCPs，并研究了金属中心离子的半径与配位数和键长的关系。结果表明金属离子和肽以两种方式结合：①镁离子和锶离子；②钙离子和钡离子。实验结果证实了金属离子的种类对配位模式起重要作用，以及羧基是否参与配位对蛋白质的生物现象具有重要影响。同时，他们利用密度泛函理论（DFT）计算分析研究了紫外可见光谱和荧光光谱，发现化合物的吸收峰主要归因于过渡介带 CB → VB（图 1.18）。

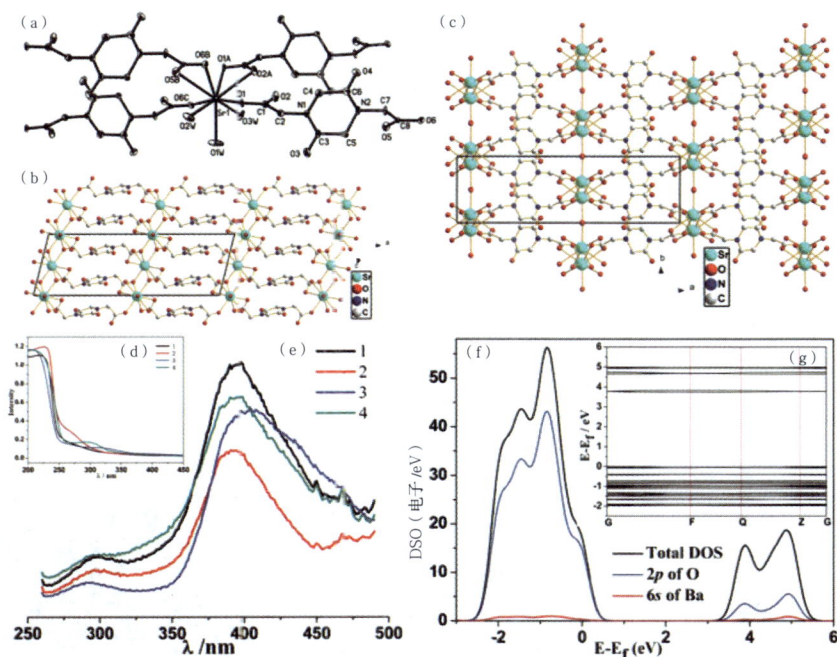

图 1.18 （a)碱土金属离子的配位图；(b)金属—有机配位聚合物延 b 轴结构图；(c)金属—有机配位聚合物延 c 轴结构图；(d)金属—有机配位聚合物的紫外光谱图；(e)金属—有机配位聚合物的荧光光谱；(f)金属—有机配位聚合物的皮态密度图；(g)金属—有机配位聚合物的能带结构图

1.3.7 s-MOCPs 在荧光材料方面的研究

由于 S 区金属离子具有廉价、无毒或低毒以及易溶解等优势，以 S 区金属离子为中心构筑的荧光材料存在极大的发展潜力。目前，已有一部分具有荧光性质的 s-MOCPs 涌现。然而，与 s-MOCPs 在气体储存、催化、光电材料、抗腐蚀和生物医药等方面的研究相比，其在荧光方面的探索和应用很少，尚处于起步阶段。

下面从具有荧光性质的 s-MOCPs，以及具有荧光传感和光发射应用性能的 s-MOCPs 三个方面，对 s-MOCPs 在荧光方面的研究和应用进行综述。

1.3.7.1 s-MCCPs 的荧光性质

由于构成 MOCPs 材料的金属离子和配体的选择几乎近似于无限，因此，利用具有荧光性质的配体与合适的金属离子，理论上可以得到许多结构多样、性质可调的荧光 MOCPs。传统荧光材料中的金属离子选用稀土离子，其价格较高，使发展基于价格低廉的 S 区金属离子的荧光 MOCPs 作为多功能荧光材料成为非常有潜力的研究课题。

近几年，Mandal 等[185-187]在制备具有荧光性质的 s-MOCPs 方面做了许多卓有成效的工作。2014 年，Mandal 等[185]利用 S 区金属离子 Ca^{2+}、Sr^{2+}、Ba^{2+} 和 4,4'-氧-双苯甲酸合成了新颖的含有 Ca_2O_{10} 二聚体的 [Ca(H_2O)(OBA)]、含有 SrO_7 建筑单元的 [Sr(H_2O)(OBA)] 和含有 BaO_8 和 BaO_9 建筑单元的 [Ba_2O_3(OBA)_2]。荧光性质表征实验结果显示，三个 s-MOCPs 均表现出较强的荧光发射。研究还深入探索了光学带隙能量差异和不同体系的结构对 s-MOCPs 材料的导带和价带的影响。2016 年，Mandal 等[186]又利用 S 区金属离子 Mg^{2+} 与过渡金属离子 Zn^{2+}、In^{3+} 分别混合，以 2,5-噻吩二羧酸为配体合成了五个 s-MOCPs，均具有良好稳定性和荧光性能。通过荧光测试表征了化合物的荧光性质。另外，该项研究证实了 s-MOCPs 的光学带隙能量的差别可以归因于结构组成的差异（图 1.19）。

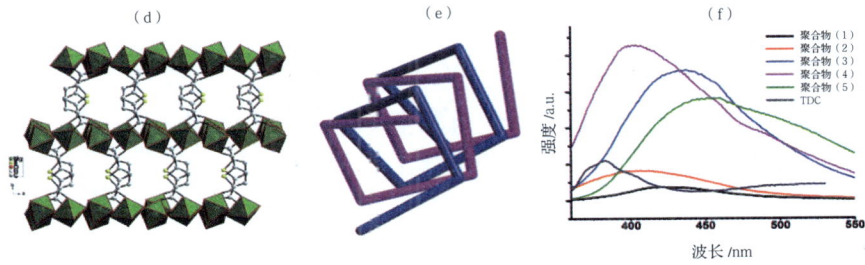

(a)三维金属—有机配位聚合物口碱土金属离子的配位环境；(b)金属—有机配位聚合物延 ab 平面的三维框架结构；(c)金属—有机配位聚合物沿 c 轴三维框架结构；(d)金属—有机配位聚合物的一维链形成的二维层状结构；(e)金属—有机配位聚合物的拓扑模式；(f)金属—有机配位聚合物和配体的固态荧光光谱

图 1.19　三维金属—有机配位聚合物的结构和荧光性质图

2016 年，Mandal 等[187]还利用溶剂热法合成了一系列基于 S 区金属离子和苯-1,3,5-三- 苯甲酸的三维多孔的 s-MOCPs：$[H_2N(CH_3)_2]$ $[Ca_7(BTB)_5(H_2O)_8(DMF)_4]\cdot4H_2O(1)$、$[H_2N(CH_3)_2]_2(Sr_5(H_2O)_6(BTB)_4)(2)$ 和 $[H_2N(CH_3)_2](Ba(H_2O)(BTB))(3)$。其中化合物 (1) 中的 Ca^{2+} 通过弯道连接和边连接形成了单维锯齿形 Ca—O—Ca 链（图 1.20）。Sr^{2+} 通过边连接形成 Sr_5O_{28} 五聚簇，而 $[H_2N(CH_3)_2](Ba(H_2O)(BTB))$ 中的 BaO_9 多面体单元通过边相连形成一维 Ba—O—Ba 链。荧光研究表明，这三个不同结构的化合物均具有优良荧光性能、光学带隙能量差异和倍频效应。

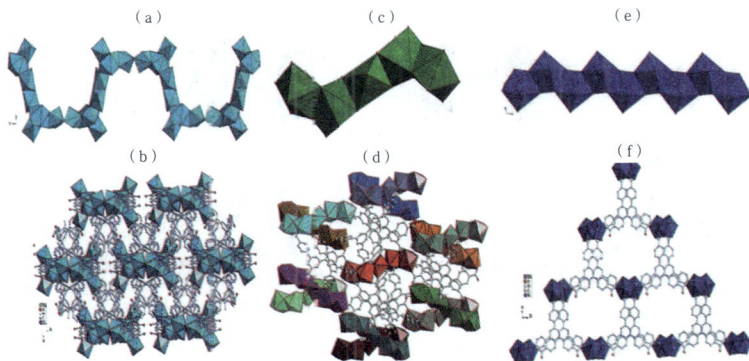

(a)金属—有机配位聚合物中的 Ca—O—Ca 键一维链结构；(b)金属—有机配位聚合物沿 ab 平面形成的 3D 框架结构；(c)金属—有机配位聚合物中的五聚体簇结构；(d)金属—有机配位聚合物通过配体相连的五核团簇结构；(e)金属—有机配位聚合物中的 Ba—O—Ba 键一维链结构；

(f)金属—有机配位聚合物沿 bc 平面形成的 3D 框架结构

图 1.20　三维金属—有机配位聚合物的结构图

2015 年，高山等[188-189] 在利用 S 区金属离子 Na$^+$、K$^+$、Cs$^+$、Mg^{2+}、Ca^{2+}、Sr^{2+}、Ba^{2+} 合成了七种具有荧光性质的 s-MOCPs 之后，又利用几种 S 区金属离子分别与 4,4'-二羟基联苯 -3,3'-二磺酸合成了六个发光的 s-MOCPs：[K$_2$(H$_2$L)]$_n$、{[Cs$_2$(H$_2$L)−(H$_2$O)]$_n$·nH$_2$O}、2[Mg(H$_2$O)$_6$]$^{2+}$·2(H$_2$L)$^{2-}$·2H$_2$O、{[Ca(H$_2$L)(H$_2$O)$_2$]$_n$·4nH$_2$O}、{[Sr(H$_2$L)(H$_2$O)$_4$]$_n$·3nH$_2$O} 和 {[Ba(H$_2$L)(H$_2$O)]$_n$·nH$_2$O}，首次报道了磺酸基团的一种新颖配位模式。荧光实验测试表明，该研究中 s-MOCPs(1) ～ (6) 在室温下有较强的固态荧光发射，能够敏化稀土金属离子 Eu^{3+} 和 Tb^{3+}，从而实现其特征红 / 绿荧光发射（图 1.21）。

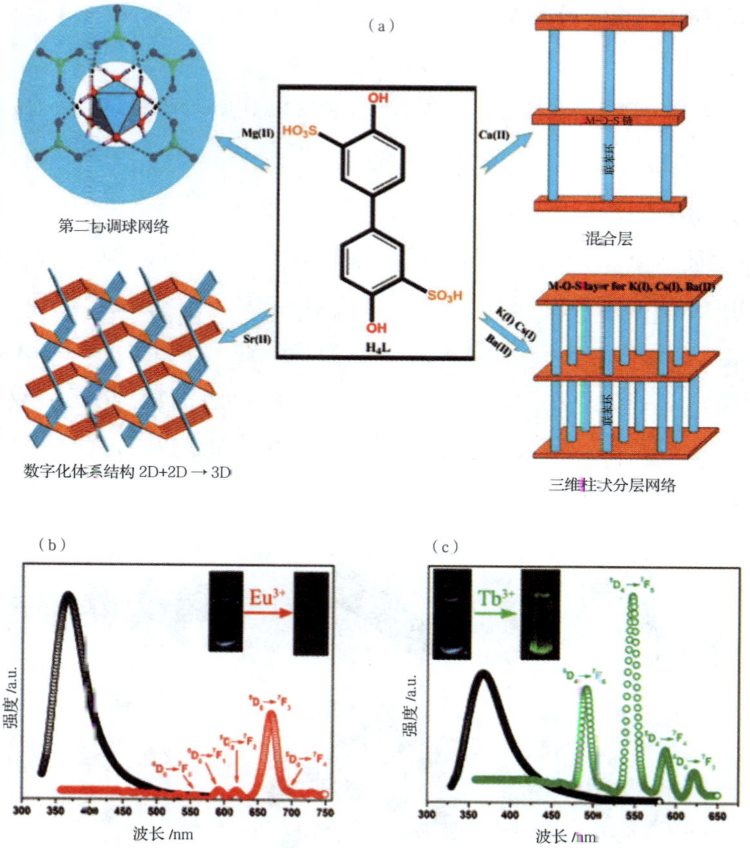

图 1.21　(a) 金属—有机配位聚合物合成路线示意图；(b) 掺杂 Eu（NO$_3$）$_3$ 后金属—有机配位聚合物的荧光发射光谱；(c) 掺杂 Tb（NO$_3$）$_3$ 后金属—有机配位聚合物的荧光发射光谱

2015 年，杨立荣等[190] 利用 S 区金属离子 Ca^{2+} 和 Sr^{2+} 与 2-（4-羧基苯基）咪唑（4,5-F）-（1,10）菲咯啉，水热合成了具有高热稳定性的两个 s-MOCPs：[Ca(NCP)$_2$] 和 [Sr(NCP)$_2$]。对两个化合物的固态样品进行荧光发射实验，结果表明，两个 s-MOCPs 显示出基于配体的较强的荧光发射。同年，李静等[191] 利用溶剂热方法利用 S 区金属离子 Sr^{2+}、Ba^{2+} 和 4-羧基肉桂酸合成了两种具有高热稳定性和水稳定性的 s-MOCPs（图 1.22）。实验结果表明，配体进入了化合物框架内部并大大提高了其光致发光性能，量子产率增加高达 4 倍。这项工作使基于配体发光的 s-MOCPs 通过荧光增强来实现荧光调控，是一种有前景的优化 s-MOCPs 荧光性能的方法。

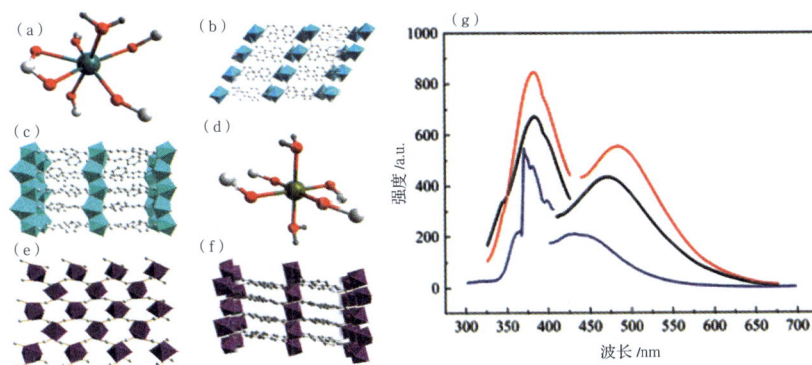

图 1.22 (a) 金属—有机配位聚合物 (1) 的配位环境；(b) 金属—有机配位聚合物 (1) 沿 [010] 方向结构图；(c) 金属—有机配位聚合物 (1) 沿 [001] 方向结构图；(d) 金属—有机配位化合物 (2) 的配位环境图；(e) 金属—有机配位化合物 (2) 沿 [100] 方向结构图；(f) 金属—有机配位化合物 (2) 沿 [010] 方向结构图；(g) 金属—有机配位聚合物 (1)、2 和配体的荧光发射光谱

2014 年，Reger 等[192]利用 S 区金属离子 Ca^{2+} 和 Sr^{2+} 与萘二甲酰亚胺丙酸类配体合成了五个 s-MOCPs：$[Ca(Lala)_2(H_2O)] \cdot (H_2O)(1)$、$[Ca(Lser)_2] \cdot (H_2O)_2(2)$、$[Sr(Lala)_2(H_2O)] \cdot (H_2O)_3(3)$、$[Sr(Lala^*)_2(H_2O)] \cdot (H_2O)_3(4)$ 和 $[Sr(Lser)_2(H_2O)](5)$。有趣的是，该系列化合物结构中萘环的 π···π 堆积作用可以使化合物 (3) 和 (4) 实现可逆的单晶转换（图 1.23）。化合物的荧光性质表征实验结果显示，五个 s-MOCPs 都表现出显著的固态荧光发射，与纯配体的荧光发射相比，分别发生不同程度的红移或蓝移。

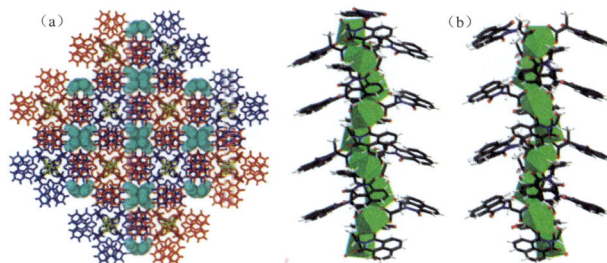

图 1.23 (a) 具有 3D 超分子结构的金属—有机配位聚合物的结构示意图；(b) 金属—有机配位聚合物的手性结构示意图

2014 年，Kuei-Fang Hsu 等[193]在溶剂热条件下合成了基于 S 区金属离子 Li$^+$、Na$^+$、Mg^{2+}、Ca^{2+}、Sr^{2+}、Ba^{2+} 和刚性配体 1,4-萘二羧酸的六个新颖的 s-MOCPs：[Li(HNDA)(H$_2$O)$_2$]、[Na$_2$(NDA)(DMF)]、[Mg$_2$(NDA)$_2$(H$_2$O)$_3$]·0.25H$_2$O、[Ca(NDA)(DMF)]、[Sr(NDA)(DMF)] 和 [Ba(NDA)(DMF)]。实验数据表明，S 区金属离子的配位数变化从 4（Li$^+$）、5（Na$^+$）、6（Na$^+$ 和 Mg^{2+}）到 7（Ca^{2+}、Sr^{2+} 和 Ba^{2+}），而 S 区金属离子键连配体的数量范围从 2（Li$^+$）、4（Mg^{2+}）、5（Ca^{2+}、Sr^{2+} 和 Ba^{2+}）到 8（Na$^+$），并显示出基于荧光配体的荧光性质。

同年，一直致力于研究 s-MOCPs 材料的热稳定性、介电性质、磁性和荧光性能的陈三平等[194-196]利用 S 区金属离子 Ba^{2+} 和 2,3-吡嗪二甲酸合成了四个具有独特结构的 s-MOCPs：[Ba(Pzdc)(H$_2$O)]$_n$(1)、[Ba(Pzdc)]$_n$(2)、[AgSr(Pzdc)(NO$_3$)(H$_2$O)]$_n$(3) 和 [Ag$_2$Ca(Pzdc)$_2$(H$_2$O)]$_n$(4)（图 1.24）。它们都是由具有 [Ba$_2$O$_{11}$N] 单元的一维链无限延伸形成的二维层状结构，其中化合物 (1) 和 (2) 通过脱水和再水合呈现单晶到单晶的可逆转化过程。固态荧光测试实验结果表明，对于基于配体发光的 s-MOCPs，使之脱水或再水合是调整其荧光强度的一种有效方法。

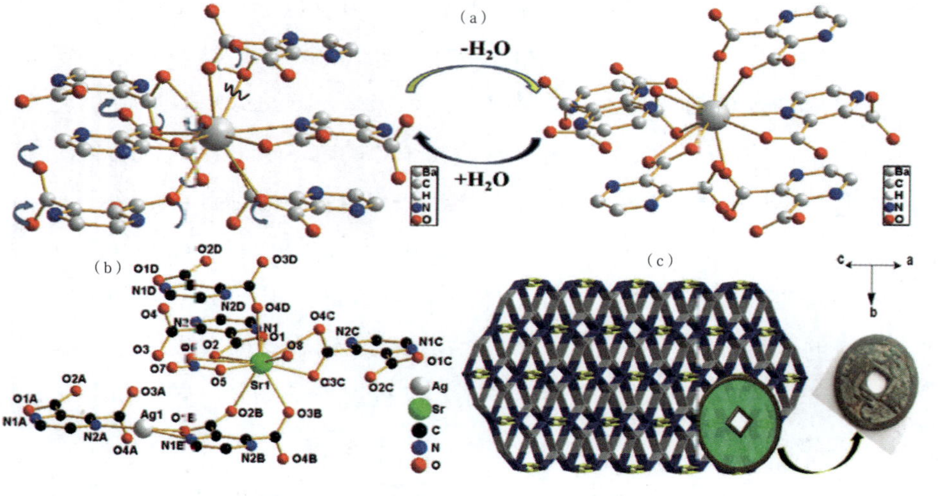

图 1.24 (a)金属—有机配位聚合物中碱土金属离子的配位图；(b)金属—有机配位聚合物中金属离子的配位模式；(c)金属—有机配位聚合物的拓扑结构

2014 年，杜少武等[197]报道了令人鼓舞的二十五种基于 S 区金属离子的无机—有机杂化材料，几乎将全部 S 区金属离子与过渡金属离子掺杂（图 1.25），与手性和非对称配体呈现了迷人的结构和丰富的物理和化学性质。该研究详细讨论了所合成化合物潜在的非线性光学性能。实验结果表明，化合物结构的多样性和对电子的引力有利于增强其荧光发射强度。

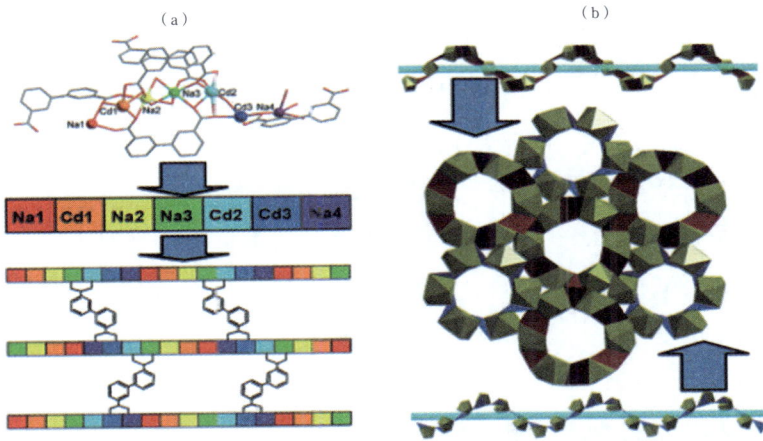

图 1.25 （a）二维片状金属—有机配位聚合物的结构图；（b）由两个螺旋状基团组成的
无机金属—有机配位聚合物结构图

2014 年，黄永清等[138] 报道了图 1.26 所示的基于 S 区金属离子和 1-羧基甲基吡啶-4-羧酸的四个结构新颖的荧光 s-MOCPs，包括 $[Mg(H_2O)_6](L)_2 \cdot 2H_2O(1)$、$[Ca(L)_2(H_2O)_3]_n(2)$、$[Sr(L)_2(H_2O)_3]_x(3)$ 和 $[Ba(L)_2(H_2O)_2]_n(4)$。单晶衍射分析显示化合物 (1) 巧妙地通过氢键进一步生成含有两种类型孔道的 3D 超分子结构；2D 菱形网格结构的化合物 (2) 和 (3) 同构；化合物 (4) 是由无限一维链构成的波状 2D 网络结构。实验结果表明，S 区金属阳离子的大小对金属离子中心的配位能力和所形成结构的空间构型具有影响。同时，该系列 s-MOCPs 具有与配体相近的固态荧光性质。

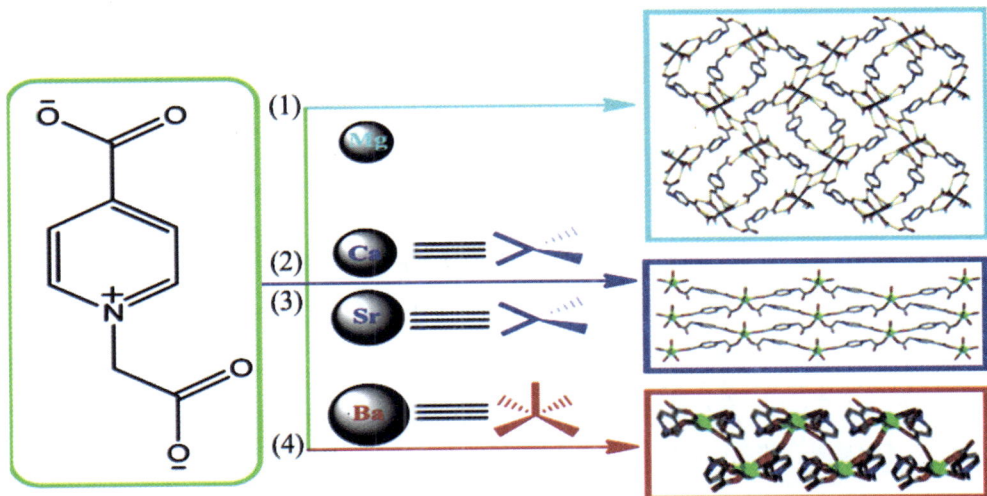

图 1.26 不同半径的碱土金属有机配位聚合物的荧光光谱图

2013 年，Jui-Ming Yeh 等[199] 利用 S 区 金 属 离 子 Mg^{2+}、Ca^{2+}、Sr^{2+}、Ba^{2+} 和 N-（膦酰基甲基）亚氨基二乙酸系统研究了 $[Mg(H_2O)(H_2PMIDA)]$、$[Sr(H_2O)(H_2PMIDA)]$、$[Sr_2(H_2O)(PMIDA)]$、$[Sr_2(HPO_4)(H_2PMIDA)]$ 和 $[Ba_2(HPO_4)(H_2PMIDA)]$、$[Ba_2(H_2O)(H_2PMIDA)_2]$ 六种化合物的结构可变性，并表征了不同结构的 s-MOCPs 的荧光性质。同年，Parise 等[200] 以 S 区金属离子 Ca^{2+} 和 Sr^{2+} 为金属中心离子，2,5-噻吩二羧酸为配体合成了三个新颖的 3D s-MOCPs：$[Ca_2(TDC-2H)_2(DMF)_2]_n$、$[Ca(TDC-2H)]_n$ 和 $[Sr(TDC-2H)(DMF)]_n$（图 1.27），并通过实验对其进行了光致发光比较分析。实验结果表明，拓扑种类和配位溶剂的存在控制和影响 s-MOCPs 的荧光性能。

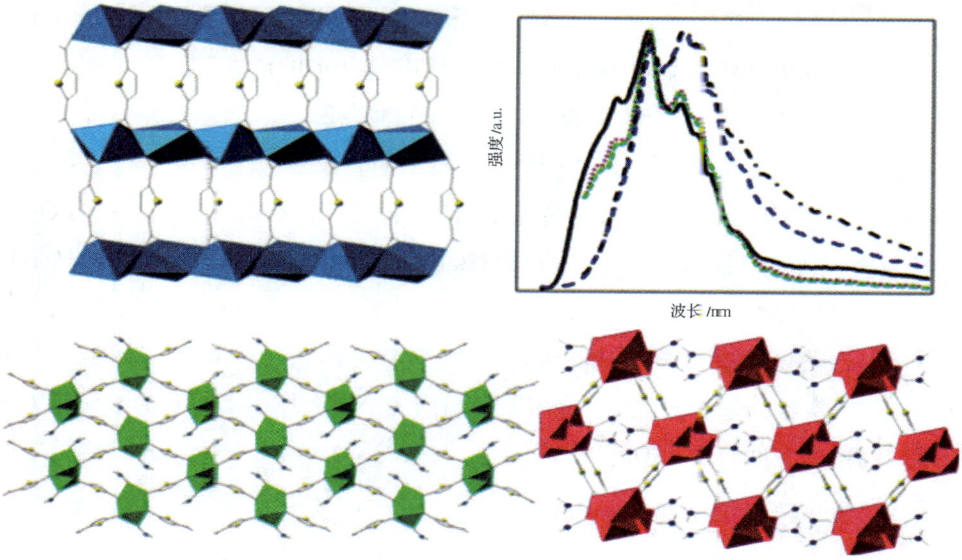

图 1.27 三种 S 区金属有机配位聚合物的堆积结构和荧光发射光谱图

2013 年，Kitagawa 等[201] 利用 S 区金属离子 Ba^{2+} 分别与联苯四羧酸、联苯二羧酸和联苯三羧酸合成了一维、二维和三维的 s-MOCFs 并对其丰富的配位模式、少见的拓扑和超常的稳定性进行了详细分析。同时，他们利用荧光检测实验在室温下对三个 s-MOCPs 源自配体的荧光性质进行了表征（图 1.28）。同年，姚元根等[202] 利用 S 区金属离子 Mg^{2+}、Ca^{2+}、Sr^{2+}、Ba^{2+} 分别与 Cd^{2+} 混合，合成了四种基于均苯三甲酸配体的 s-MOCPs：$\{[Cd_{2.07}Mg_{0.93}(BTC)_2(H_2O)_4] \cdot 2H_2O\}_n(1)$、$\{[Cd_2Ca(BTC)_2(H_2O)_4] \cdot 2H_2O\}_n(2)$、$\{[Cd_2Sr(BTC)_2(H_2O)_5] \cdot H_2O\}_n(3)$ 和 $[Cd_6Ba_3(BTC)_3(H_2O)_{10}]_n(4)$，四种 s-MOCPs 均具有较强的荧光发射强度。

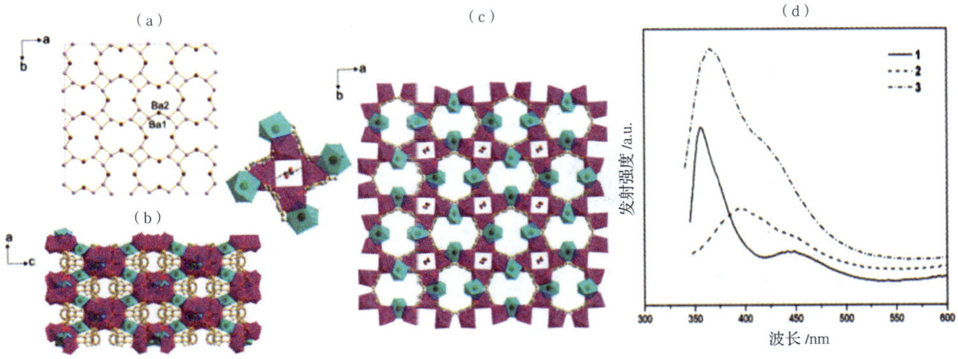

图 1.28　(a)S 区金属有机配位聚合物的阻抗结构图；(b) 金属—有机配位聚合物沿 b 轴的堆积图；

(c) 金属—有机配位聚合物沿 c 轴的完整晶体结构图；(d)S 区金属有机配位聚合物的荧光光谱图

　　在基于 MOCPs 材料的荧光性能的应用研究工作中，几乎全部采用稀土金属离子作为金属中心离子，然而其成本较高，在很大程度上限制了其大量使用和广泛应用。尽管研究者们已经利用 S 区金属离子及具有荧光性质的配体成功合成了一些荧光 s-MOCPs，但从以上相关工作研究可以看出，绝大多数 s-MOCPs 仅进行了固体荧光发射光谱的测量与表征及其他性质研究，而对于具有良好荧光性质的 s-MOCPs 的性能应用和发光原理未有提及。

　　目前已有一定量基于 S 区金属离子的 s-MOCPs 被合成出来，而绝大多数研究工作却并未对 s-MOCPs 的荧光性能应用进行报道。现有基于 s-MOCPs 材料荧光性能的应用研究成果主要集中在以下两个方面，一是利用其敏感的荧光变化来检测客体物种，二是将其可调的荧光性能应用于发光、显示等设备。

1.3.7.2　s-MOCPs 的荧光传感应用研究

　　如前所述，s-MOCPs 的荧光性质高度依赖于其结构组成，且非常敏感，金属中心的配位环境、与不同客体分子的相互作用、孔表面的结构特征、$\pi\cdots\pi$ 相互作用等都可以影响化合物的荧光性质，因而可以借此理论基础，研究其对阳离子、阴离子、小分子、蒸汽以及其他物质的化学传感效果。近两年，研究者们开始了对 s-MOCPs 在荧光传感方面的应用研究。2015 年，孙道峰等[203] 利用 S 区金属离子 Ba^{2+} 和 5,5'-（2,3,6,7-四甲基蒽-9,10）-间苯二甲酸合成了多孔 s-MOCPs，并以所合成化合物为基质，通过单晶到单晶（SCSC）的转化过程，在不同反应条件下合成了另外两个新颖的 s-MOCPs。实验结果表明，所合成 s-MOCPs 不仅可以高效催化醛和酮的硅氰化反应，还可以通过荧光增强响应来有效地传感 DMSO 分子，该传感检测具有很强的选择性（图 1.29）。

图 1.29　(a)S 区金属有机配位聚合物之间的单晶相变；(b) 在 380 nm 处金属—有机配位聚合物与各种有机溶剂作用后的荧光强度图；(c) 各 S 区金属有机配位聚合物对 DMSO 分子的响应对比图

2015 年，孙振刚等[204] 在水热条件下合成了三个基于 S 区金属离子 Ca^{2+}、Sr^{2+}、Ba^{2+} 和羧基膦酸的结构新颖的 s-MOCPs：$Ca[(H_3L)(H_2O)](1)$、$Sr[(H_3L)(H_2O)_2](2)$ 和 $Ba[(H_3L)(H_2O)](3)$。并对 s-MOCPs(1) ～ (3) 的荧光性能应用进行了研究。荧光测试结果分析表明，三个 s-MOCPs 具有蓝色的荧光发射，s-MOCPs(1) ～ (3) 分别对 1- 丁醇、二- 丙醇和乙醇具有可逆的选择性传感功能（图 1.30）。

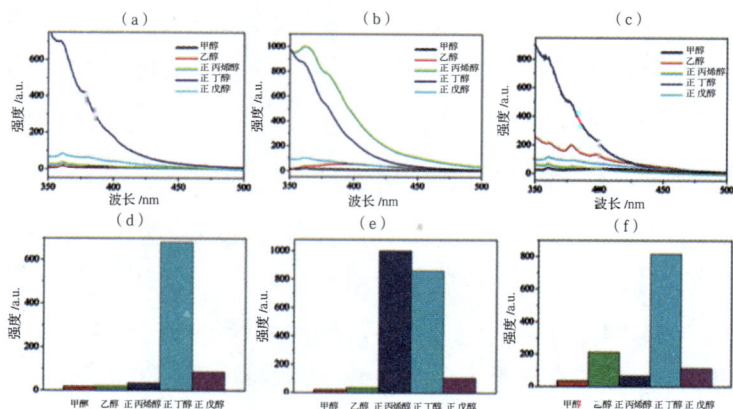

图 1.30　(a) 金属—有机配位聚合物 (1) 的发射光谱；(b) 金属—有机配位化合物 (2) 的发射光谱；(c) 金属—有机配位化合物 (3) 的发射光谱；(d) 金属—有机配位聚合物 (1) 在激发波长为 325nm 时的荧光强度图

2014 年，一直致力于荧光 MOCPs 研究的 Lazarides 等[205-207] 利用 S 区金属离子 Mg^{2+} 与 2,5-二羟基苯二酸构筑了多孔 s-MOCPs：$[Mg(H_2dhtp)(H_2O)_2]\cdot DMA$，这个化合物能以"呼吸效应"吸附和脱附溶剂分子，且活化后遇见水分子时荧光发射强度明显增强（图 1.31）。实验结果表明，该 s-MOCPs 可以快速识别常用有机溶剂中的痕量水，且可重复使用。这项研究为新型荧光传感材料提供了新的设计思路，是基于 s-MOCPs 荧光性能应用研究的经典之作。

图 1.31　金属—有机配位聚合物荧光发射的自猝灭图和金属—有机配位聚合物的的荧光性质变化图

1.3.7.3　s-MOCPs 的光发射应用研究

一直以来，具有荧光性质的 MOCPs 以结构的多样性和发光性质的可调性，成为光发射器件非常有潜力的候选者。至今，尽管目前基于 S 区金属的 MOCPs 被用于光发射器件方面的应用研究较少，但由于其成本低廉、光发射稳定、光学性能可调，在光学器件研究方面的应用前景已经展现出来。

2015 年，Lazaride 等继合成 $[Mg(H_2dhtp)(H_2O)_2]\cdot DMAc(AEMOF-1)$ 后，又选用 Mg^{2+}、Ca^{2+}、Sr^{2+}、Ba^{2+} 和 2,5-二羟基-对苯二甲酸合成了 $[Mg_2(H_2dhtp)_2(\mu-H_2O)(NMP)_4](AEMOF-2)$、$[Mg_2(H_2dhtp)_{1.5}(DMAc)_4]Cl\cdot DMAc\ (AEMOF-3)$、$[Ca(H_2dhtp)(DMAc)_2)](AEMOF-4)$、$[Sr_3(H_2dhtp)_3(DMAc)_6]\cdot H_2O(AEMOF-5)$ 和 $[Ba(H_2dhtp)(DMAc)](AEMOF-6)$，并分析了该系列 s-MOCPs 有趣的结构和物理性能。进一步的光致发光研究结果显示，该类 s-MOCPs 材料的荧光性质具有中心金属离子依赖性，荧光发射光谱的红移随金属离子半径的增大而增加（图 1.32）。同时，AEMOF-6 的荧光性质参数显示出其在常温下固态照明领域的应用潜能。

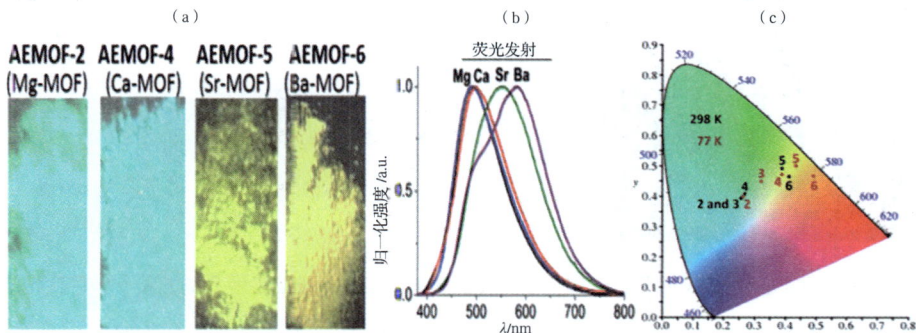

图 1.32　(a)S 区金属有机配位聚合物在激发波长为 360nm 的紫外照片；(b) 金属—有机配位聚合物的荧光发射光谱　(c) 金属—有机配位聚合物在 77K 下的色度坐标图

2013 年，Buschbaum 等利用 S 区金属离子 Ba^{2+} 协同 Eu^{3+} 合成了一种由金属离子触发、具有黄色宽带发射的无机—有机杂化材料 $[Ba_{1-x}Eu_x(Im)_2]$。通过在实验中对碱土金属离子含量的合理调控，该荧光发射位置被置于主发光二极管的荧光体黄色间隙的中心。这项研究表明，利用氢化物 BaH_2 作为金属源可以实现均匀的荧光发射（图 1.33）。

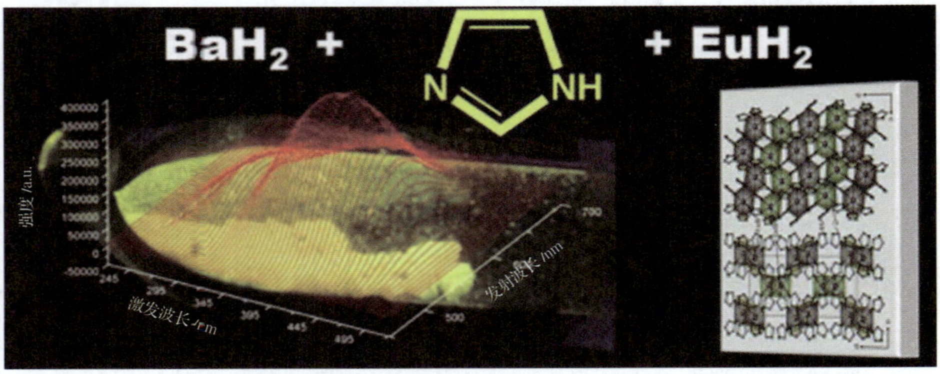

图 1.33　金属—有机配位聚合物的激发光谱和发射光谱以及金属—有机配位聚合物沿 [100] 和 [001] 面的晶体结构图

我们课题组近年来对荧光 MOCPs 在传感探针、光学器件材料等方面的应用进行了较为深入的研究。在研究过程中我们发现，S 区金属离子与荧光有机配体结合后，可能得到与稀土 MOCPs 相媲美的结构多样、性能优异、有应用潜能的 s-MOCPs 荧光材料（图 1.34）。尽管目前对 s-MOCPs 可控组装和荧光调控的研究仍处于初级阶段，但在荧光材料的发展进程中，s 金属离子构筑的荧光 MOCPs 必将被日趋重视，成本低、结构稳定、功能多变的 s-MOCPs 荧光发射材料具有良好的应用前景。

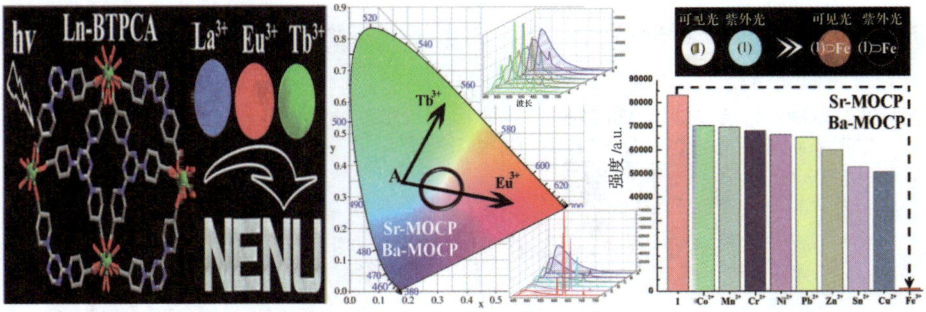

图 1.34　左：通过原位掺杂镧系金属离子进行颜色调整的金属有机配位聚合物的荧光颜色变化图和白光发射图

1.4 选题依据、研究意义及研究路线

基于以上优秀的工作及相关理论、事实的分析可知，在 s-MOCPs 的合成、性质和应用研究方面：

（1）S 区金属离子弱的配位能力使 s-MOCPs 的合成相对困难。

（2）S 区金属离子配位数的跨度很大（2 ~ 13），使其配位情况变化复杂，最终产物难以预测，导致其配位聚合物难以定向设计。

（3）目前已获得的 s-MOCPs 数量少且不系统。

（4）需要找寻和选择配位能力、刚性和空间位阻都能与 S 区金属离子良好匹配的配体。

（5）s-MOCPs 的荧光性质已初步展现，然而其中大多数仍停留在对化合物的荧光性质表征阶段。

（6）具有荧光性质的 s-MOCPs 的应用研究刚刚起步。

因此，对于具有荧光性质的 s-MOCPs 的合成与应用研究和探索具有深远意义，其不仅可以丰富主族元素的配位化学、扩充其配位聚合物物种、提供物理和化学数据、揭示其配位规律，更有助于深入探究 s-MOCPs 荧光性质的影响因素、荧光调控的潜在规律和实际应用的重要价值。这一领域的研究无论从科学研究的角度，还是从生产生活实际应用的角度，都存在深远的意义。

2014 年 7 月 22 日，北京大学席振峰等在 *Nature* 上提出了新颖而有效的"驯服"重碱土金属有机化合物的策略，合成了双金属有机试剂，同时研究了该重碱土金属有机化合物作为有机共轭材料的性质。该研究指出，由于重碱土金属有机化合物的高度不稳定性及其金属的高度稳定性，导致其合成较难，相关研究和应用较少，但是这类金属有机化合物必然有其独特的性质和应用。

S 区重金属的原子半径同部分过渡金属和稀土金属有一定的可比性，因此，原则上半径较大的 S 区重金属离子 Sr^{2+}、Ba^{2+}、Cs^+ 等可能与大共轭的、具有荧光性质的有机配体产生类似的框架结构。中国是世界上锶、钡资源第一大国，已探明基础储量分别为 3291 万吨和 7400 万吨。中国锶矿、钡资源分别占世界储量的 49% 和 70%。然而长久以来被忽视应用价值，其垄断优势被忽略，被以泥沙的价格贱卖。近几年，随着锶、钡在玻壳材料、喷涂材料、电容材料、陶瓷材料、

医药材料、磁性材料、储能材料和新能源技术等新兴行业的应用，其战略价值正在觉醒。许多科学人员呼吁，锶和钡将是下一个稀土！而作为重稀有碱金属元素，基于铯的 MOCPs 的研究很少，目前已知的铯的化合物多为简单的无机物和少数的有机羧酸盐。铯在很多领域均展现出特性应用，随着配位化学的发展，其研究领域逐渐加宽，s-MOCPs 的研究正在深入，而基于铯的 MOCPs 正在进入研究者们的视野，研究其结构、性质和用途具有重要意义。

有机配体的和类繁多，其中大共轭氮杂环羧基配体含有苯系芳香羧基氧位点和氮位点以及多种官能团，同时具有规则的环状结构，符合休克尔规则，可形成丰富的配位模式；更重要的是，其刚性平面的结构、富电子的共轭体系、良好的电子流动性，使其更容易进行分子内 $\pi\cdots\pi^*$ 的跃迁，对提高荧光效率十分有利。由此可以看出，荧光 s-MOCPs 结构及性质与所选有机配体发色团的结构和性质特点密切相关。大共轭氮杂环羧基配体可能对整体配位聚合物的荧光作出贡献，并便于后续的荧光调控及应用。目前，就氮杂环羧基配体而言，其与碱金属和碱土金属离子形成的荧光 MOCPs 鲜有报道。另外，近年来，含有混合金属离子或混合配体的 MOCPs 引人关注。例如将碱土金属离子引入稀土 MOCPs 后，不仅有助于降低成本，产物的结构复杂性和多样性还能丰富其荧光性能。目前 S 区金属离子向过渡和稀土 MOCPs 添加被日趋重视。事实上，我们可以反其道而行之，选用 S 区金属离子与荧光配体合成 s-MOCPs，再通过后合成引进少量稀土金属离子，对其荧光变化规律进行研究和应用。同时，相对于单配体 MOCPs，基于混合配体的 MOCPs 势必会由于其配体的种类和数目多，而形成更为复杂的配位模式，使得 s-MOCPs 的荧光性质更加丰富，有助于开发其功能应用。

鉴于此，我们拟开展 S 区金属有机配位聚合物的合成、结构及荧光性能方面的研究工作。选取具有不同结构、配位点和荧光性质的氮杂环羧酸配体，摸索合成条件和方法，探索合成基于刚性配体、柔性配体、混合配体和中性辅助配体等荧光配体的 s-MOCPs，并探讨 s-MOCPs 的荧光调控及其在金属离子、有机污染物、有毒气体等方面的传感检测，为新型荧光材料的研究提供理论基础、数据参考和实验案例。

具体研究路线如图 1.35 所示。

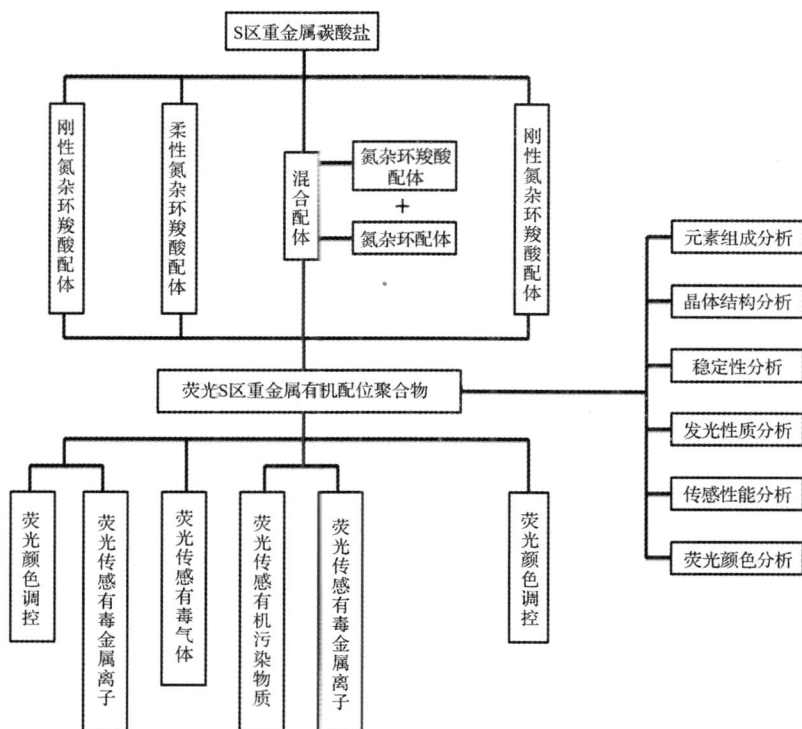

图 1.35 S 区金属有机配位聚合物的荧光性质研究路线

1.5 实验试剂、药品及测试仪器

1.5.1 实验试剂、药品

除有机配体 2,4,6-三异哌啶酸-1,3,5-三嗪（H$_3$BTPCA）和 3,3',5,5'-偶氮苯四甲酸（H$_4$ABTC）是根据文献合成之外，其余所有实验试剂和药品都通过商业途径购买，纯度为分析纯。水溶剂均为蒸馏水。

1.5.2 测试仪器

元素分析（Elemental Analysis）：C、H 和 N 元素的分析均采用元素分析仪 Perkin-Elmer 2400 CHN 测得；金属元素的分析采用等离子体色谱分析仪（ICP）搭载有 Plasma-optical 原子发射源的 Leeman Labs Prodigy 测得。

单晶 X-射线衍射分析（Single Crystal X-ray Diffractions Analysis）：采用 Oxford Diffract ion Gemni R Ultra 或日本理学 R-RAXIS 型面探（IP）或

Bruker Smart Apex II CCD 单晶衍射仪测得，X 射线源为石墨单色 M_o 钯 K_α 射线（λ=0.71073 Å）。晶体结构均以直接法解析，使用 SHELXS-9 软件包，以 SHELXL-97 最小二乘法 F_2 进行精修获得。

粉末 X- 射线衍射分析（Powder X-ray Diffraction Analysis）：采用 Rigaku D_{max} 2000 X-ray 衍射仪测得；其中：靶源 Cu-K_α Radiation（λ=0.15418 nm）；2θ 范围 3°～60°；步幅 0.02°。

傅里叶红外光谱分析（Fourier Transform Infrared Spectroscopy Analysis）：采用 Alpha Centaurt FT/IR 红外光谱仪测得，KBr 压片，测试范围 400～4000 cm^{-1}。

热重分析（Thermogravimetric Analysis）：化合物中水分子、有机物含量及其热稳定性，均采用 Perkin-Elmer TGA 热重分析仪测得。N_2 氛围下，升温速度为 10℃·min^{-1}，测试范围 25～800 ℃。

气体吸附分析（Gas Sorption Analysis）：采用 Micromeritics ASAP 2020 表面积与孔隙率分析仪或英格海德智能质量分析仪 Hiden Isochema Intelligent Gravimetric Analyser（IGA-100B）测得。测试所用气体均为高纯气体。

紫外—可见吸收光谱分析（UV-Vis Absorption Spectra Analysis）：采用 Cary 500 UV-Vis-NIR 紫外—可见分光光度计测得。

荧光光谱分析（Fluorescence Properties Analysis）：采用 FLS920 Edinburgh Instruments 全功能荧光光谱系统测得。

参考文献

[1] Zhang J P, Huang X C, Chen X M. Supramolecular isomerism in coordination polymers[J].Chem. Soc. Rev., 2009(38):2385-2396.

[2] Eddaoudi M, Moler D B, Li H, et al. Modular chemistry: Secondary building units as a basis for the design of highly porous and robust metal-organic carboxylate frameworks[J].Acc. Chem. Res., 2001(34):319-330.

[3] Doherty C M, Buso D, Hill A J, et al. Using functional nano- and microparticles for the preparation of metal-organic framework composites with novel properties[J].Acc. Chem. Res., 2013(47):396-405.

[4] Wang M S, Yang C, Wang G E, et al. A room-temperature X-ray-induced photochromic material for X-ray detection[J].Angew. Chem., Int Ed, 2012(51):3432-3435.

[5] Stock N, Biswas S.Synthesis of metal-organic frameworks(MOFs):routes to various MOF topologies, morphologies, and composites[J].Chem. Rev., 2012(112):933-969.

[6] Cronin L, Muller A. From serendipity to design of polyoxometalates at the nanoscale, aesthetic beauty and applications[J].Chem. Soc. Rev., 2012(41):7333-7334.

[7] Batten S R, Champness N R, Chen X-M, et al. Terminology of metal-organic frameworks and coordination polymers[J].Pure. Appl. Chem., 2013, 85(8):1715-1724.

[8] Long J R, Yaghi O M. The pervasive chemistry of metal-organic frameworks [J]. Chem. Soc. Rev., 2009, 38(5):1213-1214.

[9] Bétard A, Fischer R A. Metal-organic framework thin films:From fundamentals to applications [J].Chem. Rev., 2011, 112(2):1055-1083.

[10] Yang G-P, Hou L, Luan X-J, et al. Molecular braids in metal-organic frameworks [J].Chem. Soc. Rev., 2012, 41(21):6992-7000.

[11] Li J-R, Kuppler R J, Zhou H-C. Selective gas adsorption and separation in metal-organic frameworks [J].Chem. Soc. Rev., 2009, 38(5):1477-1504.

[12] Lee J, Farha O K, Roberts J, et al. Metal-organic framework materials as catalysts [J].Chem. Soc. Rev., 2009, 38(5):1450-1459.

[13] Cui Y, Yue Y, Qian G, et al. Luminescent functional metal-organic frameworks [J]. Chem. Rev., 2011, 112(2):1126-1162.

[14] Getman R B, Bae Y-S, Wilmer C E, et al. Review and analysis of molecular simulations of methane, hydrogen, and acetylene storage in metal-organic frameworks [J].Chem. Rev., 2011, 112(2):703-723.

[15] Ferey G, Serre C. Large breathing effects in three-dimensional porous hybrid matter: Facts, analyses, rules and consequences [J].Chem. Soc. Rev., 2009, 38(5):1380-1399.

[16] Blake A J,Champness N R,Hubberstey P,et al.Inorganic crystal engineering using self-assembly of tailored building-blocks [J].Coordination Chemistry Reviews, 1999, 183:117-138.

[17] Beatty A. M.Open-framework coordination complexes from hydrogen-bonded networks:toward host/guest complexes [J].Coord. Chem. Rev., 2003,246:131-143.

[18] Berke H. Old and new' anschauungen in der anorganischen chemie' a homage to alfred werner's book and intuition:part I. alfred werner's book and coordination theory [J].CHIMIA International Journal for Chemistry, 2009, 63(9):541-544.

[19] Biondi C, Bonamico M, Torelli L, et al. On the structure and water content of copper(ii) tricyanomethanide [J].Chem Commun(London), 1965, 0(10):191-192.

[20] Hoskins B F, Robson R. Infinite polymeric frameworks consisting of three dimensionally linked rod-like segments [J].J. Am. Chem. Soc.,1989, 111(15):5962-5964.

[21] 戴安邦 . 配位化学（无机化学丛书第十二卷）[M]. 北京：科学出版社，1987.

[22] Eddaoudi M, Kim J, Rosi N L, et al. Systematic design of pore size and functionality in isoreticular metal-organic frameworks and application in methane storage[J].Science, 2002(295):469-472.

[23] Rowsell J L C, Yaghi O M. Metal-organic frameworks: A new class of porous materials [J].Microporous Mesoporous Mater, 2004(73):3-14.

[24] Pawsey S, Moudrakovski I, Ripmeester J, et al. Hyperpolarized 129Xe nuclear magnetic resonance studies of isoreticular metal-organic frameworks [J].J. Phys. Chem. A., 2007(111):6060-6067.

[25] Park K S, Ni Z, Côté A P, et al. Exceptional chemical and thermal stability of zeolitic imidazolate frameworks [J].Proc. Natl. Acad. Sci., 2006:10186-10191.

[26] Kitagawa S, Kondo M. Functional micropore chemistry of crystalline metal complex-assembled compounds [J].Bull. Chem. Soc. Jpn., 1998(71):1739-1753.

[27] Kitagawa S, Kitaura R, Noro S. Functional porous coordination polymers [J].2004:2334-2375.

[28] Kreno L E, Leong K, Farha O K, et al. Metal-organic framework materials as chemical sensors [J].Chem. Rev., 2011, 112(2):1105-1125.

[29] Allendorf M D, Bauer C A, Bhakta R K, et al. Luminescent metal-organic frameworks [J].Chem. Soc. Rev., 2009, 38(5):1330-1352.

[30] Yoon M, Srirambalaji R, Kim K. Homochiral metal-organic frameworks for asymmetric heterogeneous catalysis [J].Chem. Rev., 2011, 112(2):1196-1231.

[31] Zhang W, Xiong R-G. Ferroelectric metal-organic frameworks [J].Chem. Rev., 2011, 112(2):1163-1195.

[32] Sumida K, Rogow D L, Mason J A, et al. Carbon dioxide capture in metal-

organic frameworks [J].Chem. Rev., 2011, 112(2):724-781.

[33] Dhakshinamoorthy A, Garcia H. Catalysis by metal nanoparticles embedded on metal-organic frameworks [J].Chem. Soc. Rev., 2012, 41(15):5262-5284.

[34] Uemura T, Yanai N, Kitagawa S. Polymerization reactions in porous coordination polymers [J].Chem. Soc. Rev., 2009, 38(5):1228-1236.

[35] Zhou H-C, Long J R, Yaghi O M. Introduction to metal-organic frameworks [J]. Chem. Rev., 2012, 112(2):673-674.

[36] Duren T, Bae Y-S, Snurr R Q. Using molecular simulation to characterise metal-organic frameworks for adsorption applications[J].Chem. Soc. Rev., 2009, 38(5):1237-1247.

[37] Xuan W, Zhu C, Liu Y, et al. Mesoporous metal-organic framework materials [J]. Chem. Soc. Rev., 2012, 41(5):1677-1695.

[38] Horcajada P, Gref R, Baati T, et al. Metal-organic frameworks in biomedicine [J]. Chem. Rev., 2012, 112(2):1232-1268.

[39] Zhang J-P, Zhang Y-B, Lin J-B, et al.Metal azolate frameworks: From crystal engineering to functional materials [J].Chem. Rev., 2011, 112(2):1001-1033.

[40] Paz F A, Klinowski J, Vilela S M, et al. Ligand design for functional metal-organic frameworks [J].Chem. Soc. Rev., 2012, 41 (3):1088-1110.

[41] Cohen S M. Postsynthetic methods for the functionalization of metal-organic frameworks [J].Chem. Rev., 2011, 112(2):970-1000.

[42] Czaja A U, Trukhan N, Muller U. Industrial applications of metal-organic frameworks [J].Chem. Soc. Rev., 2009, 38(5):1284-1293.

[43] O'Keeffe M, Yaghi O M. Deconstructing the crystal structures of metal-organic frameworks and related materials into their underlying nets [J].Chem. Rev., 2012, 112(2):675-702.

[44] Noroa S, Kitagawa S, Akutagawa T, et al. Coordination polymers constructed from transition metalions and organic N-containing heterocyclic ligands: Crystal structures and microporous properties [J].Prog. Polym. Sci., 2009(34):240-279.

[45] 徐红亮, 李志儒, 吴迪. 配体数与电子化物的一阶超极化率的碱金属原子序数依赖性 [J]. 高等学校化学学报,2009(30):786-787.

[46] Ichida M, Sohda T, Nakamura A. Third-order nonlinear optical properties of C60 CT complexes with aromatic amines [J].Journal of Physical Chemistry B, 2000,

104(30):7082-7084.

[47] Nakano M, Harunori F,Takahata M, et al. Theoretical study on second hyperpolarizabilities of phenylacetylene dendrimer: toward an understanding of structure-property relaion in NLO responses of fractal antenna dendrimers [J]. Journal of the American Chemical Society, 2002, 124(32):9648-9655.

[48] Xu H L, Li Z R, Wang F F, et al.A comparison study on the M6bius, cyclic, and linear nitrogen-substituted polyacenes [J].Journal of the American Chemical Society, 2000(122):8007-8012.

[49] Wang F F, Li Z, Wu D, et al. Structures and considerable static first hyperpolarizabilities:New organic alkalides(M+n6adz)M'(M,M'=Li,Na,K;n=2,3) with cation inside and anion outside of the cage complexants [J].Journal of Physical Chemistry B, 2008,112(4):1090-1094.

[50] Dimitrov G D,Neykov M V. Alkaline earth metal ions mediated self-assembly in the presence of 1,10-phenanthroline, nitrate and tetrafluoroborate anions [J]. Spectrochim Acta, Part A,2007,68(2):399-403.

[51] Unger Y, Taige M A, Ahrens S,et al. Synthesis and solid-state structure of magnesium and calcium imidazole complexes [J].Inorg. Chim. Acta.,2007, 360(12):3699-3704.

[52] Radanović D D, Rychlewska U, Djuran M I, et al. Alkaline earth metal complexes of the edta-type with a six-membered diamine chelate ring:crystal struc-tures of [Mg(H$_2$O)$_6$][Mg(1,3-pdta)] · 2H$_2$O and [Ca(H$_2$O)$_3$Ca(1,3-pdta)(H$_2$O)] · 2H$_2$O: comparative stereochemistry of edta-type complexes [J].Polyhedron, 2004, 23(14):2183-2192.

[53] He X, Allan J F, Noll B C, et al. Stereoselective enolizations mediated by magne-sium and calcium bisamides:Contrasting aggregation behavior in solution and in the solid state [J].J. Am. Chem. Soc.,2005,127(19):6920-6921.

[54] He X, Noll B C, Beatty A, et al. Ketone deprotonation mediated by mono- and heterobimetallic alkali and alkaline earth metal amide bases:Structural characterization of potassium calcium and mixed potassium-calcium enolates [J]. J.Am. Chem. Soc.,2004,126(24):7444-7445.

[55] Murugavel R, Baheti K, Anantharaman G. Reactions of 2-mercaptobenzoic acid with divalent alkaline earth metal ions: synthesis spectral studies and single-

crystal X-ray structures of calcium strontium and barium complexes of 2 2'-dithiobis(benzoic acid) [J].Inorg. Chem.,2001,40:6870-6878.

[56] Murugavel R, Banerjee S. First alkaline earth metal 3-aminobenzoate(3-aba) complex:1-D polymeric [Ca(3-aba)$_2$(H$_2$O)$_2$]$_n$ assembly [J].Inorganic Chemistry Communications, 2003(6):810-814.

[57] Murugavel R, Karambelkar V V, Anantharaman G, et al. Synthesis spectral characterization and structural studies of 2-aminobenzoate complexes of divalent alkaline earth metal ions: X-ray crystal structures of [Ca(2-aba)$_2$(OH$_2$)$_3$] [{Sr(2-aba)$_2$(OH$_2$)$_2$}H$_2$O] and [Ba(2-aba)$_2$(OH$_2$)] [J].Inorg. Chem.,2000(39):1381-1390.

[58] Murugavel R, Korah R. Structural diversity and supramolecular aggregation in calcium strontium and barium salicylates incorporating 1,10-phenanthroline and 4, 4'-bipyridine:Probing the softer side of group 2 metal ions with pyridinic ligands [J].Inorg. Chem.,2007,46:11048-11062.

[59] Murugavel R, Kumar P, Walawalkar M. G, et al. A double helix is the repeating unit in a luminescent calcium 5-aminoisophthalate supramolecular edifice with water-filled hexagonal channels [J].Inorg. Chem.,2007,46:6828-6830.

[60] Murugavel R, Kuppuswamy S, Randoll S. Cooperative binding of phosphate anion and a neutral nitrogen donor to alkaline-earth metal Ions. investigation of group II metal-organophosphate interaction in the absence and presence of 1,10-phenanthroline [J].Inorg. Chem.,2008,47:6028-6039.

[61] National academy of sciences-national research council [J].Nature,1960, 185(2):14.

[62] Fromm K M, Gueneau E D. Structures of alkali and alkaline earth metal clusters with oxygen donor ligands [J].Polyhedron,2004,23(9):1479-1504.

[63] Feil F, Harder S. Guanidinate complexes of heavier alkaline-earth metals(Ca, Sr):syntheses, structures, styrene polymerization and unexpected reaction behaviour [J].Eur. J. Inorg. Chem.,2005(21):4438-4443.

[64] Hursthouse M B, Levason W, Ratnani R, et al. Synthesis, spectroscopic and structural properties of an unusual series of homoleptic phosphine oxide complexes of the alkaline earth dications [J].Polyhedron,2005,24(1):121-128.

[65] Yvon K, Bertheville B. Magnesium based ternary metal hydrides containing alkali and alkaline-earth elements [J].J. Alloys. Compd.,2006,425(1-2):101-108.

[66] Fromm K M. Coordination polymer networks with s-block metal ions [J].Coord. Chem. Rev.,2008,252(8-9):856-885.

[67] Platero-Prats A E, Snejko N, Iglesias M,et al. Insight into lewis acid catalysis with alkaline-earth MOFs: The role of polyhedral symmetry distortions [J]. Chemistry-A European Journal,2013,19(46):15572-15582.

[68] Yang L-M. Quantum chemistry investigation of rigid A-IRMOF-M0 series(A=zinc,cadmium,and alkaline-earth metals) on crystal structure, electronic structure, formation energy, chemical bonding, and optical properties [J]. Microporous Mesoporous Mater,2014(183):218-233.

[69] Wang X, San L K, Nguyen H, et al. Alkaline earth metal-organic frameworks supported by ditopic carboxylates [J].J. Coord. Chem.,2013,66(5):826-835.

[70] Yang L-M, Ravindran P, Vajeeston P, et al. Properties of IRMOF-14 and its analogues M-IRMOF-14(M=Cd, alkaline earth metals):electronic structure, structural stability, chemical bonding, and optical properties [J]. PCCP,2012,14(14):4713-4123.

[71] Valvekens P, Jonckheere D, De Baerdemaeker T, et al. Base catalytic activity of alkaline earth MOFs:a(micro)spectroscopic study of active site formation by the controlled transformation of structural anions[J].Chemical Science,2014,5(11):4517-4524.

[72] Yang L-M, Vajeeston P, Ravindran P, et al. Revisiting isoreticular MOFs of alkaline earth metals: a comprehensive study on phase stability, electronic structure, chemical bonding, and optical properties of A-IRMOF-1(A=Be,Mg,Ca,Sr,Ba)[J].PCCP, 2011,13(21):10191-10203.

[73] Ma F, Li Z R, Xu H L, et al. Lithium salt electride with an excess electron pair a class of nonlinear optical molecules for extraordinary first hyperpolarizability [J]. Journal of Physical Chemistry A, 2008, 112(45):11462-11467.

[74] 赵晓霞, 李明, 闫玲玲, 等. Eu³⁺激活的碱土金属钼酸盐荧光粉合成及其发光性质 [J]. 河南理工大学学报 (自然科学版).2009,28(4):520-525.

[75] Oudar J L, Chemla D S. Hyperpolarizabilities of the nitroanilines and their relations to the exceed state dipole moment [J].Journal of Physical Chemistry, 1977,66:2664-2668.

[76] Ma L F, Wang L Y, Hu J L, et al. Syntheses, structures, and photoluminescence of

a series of d10 coordination polymers with R-Isophthalate(R=—OH, —CH$_3$, and —C(CH$_3$)$_3$) [J].Crystal Growth & Design,2009,9(12):5334-5342.

[77] Fischer A E, Pettigrew K A, Rolison D R, et al. Incorporation of homogeneous, nanoscale MnO$_2$ within ultraporous carbon structures via self-limiting electroless deposition: Mplications for electrochemical capacitors [J].Nano Letters,2007,7(2):281-286.

[78] Yang L, Yu W, Zheng T L, et al. Crystal structure of dimeric units Cd$_2$(ncpo)$_2$(phen)$_2$(H$_2$O)$_2$ constructed by flexible dicarboxylic acid with fluorescent emission [J].Journal of Structural Chemistry, 2009, 28(4):405-408.

[79] Zou R, Abdel-Fattah A I, Xu H, et al. Porous metal-organic frameworks containing alkali-bridged two-fold interpenetration:synthesis, gas adsorption, and fluorescence properties [J].Crystal Growth & Design,2010,10(3):1301-1306.

[80] Chu C-L, Chen J-R, Lee T-Y. Enhancement of hydrogen adsorption by alkali-metal cation doping of metal-organic framework-5[J].Int. J. Hydrogen Energy,2012, 37(8):6721-6726

[81] Yang D-L, Zhang X, Yang J-X, et al. Alkali/alkaline earth metal and solvents-regulated construction of novel heterometallic coordination polymers based on a semirigid ligand and tetranuclear metal clusters[J].Inorg. Chim. Acta,2014,423:62-71.

[82] Liu Y-Y, Zhang J, Sun L-X, et al. Solvothermal synthesis and characterization of a lithium coordination polymer possessing a highly sTable3D network structure [J].Inorg. Chem. Commun,2008.11(4):396-399.

[83] Senkovska I, Kaskel S. Solvent-induced pore-size adjustment in the metal-organic framework [Mg$_3$(ndc)$_3$(DMF)$_4$](ndc=naphthalene dicarboxylate)[J].Eur. J.Inorg.Chem.,2006(22):4564-4569.

[84] Lu W, Wei Z, Gu Z Y. Tuning the structure and function of metal-organic frameworks via linker design [J].Chem. Soc. Rev.,2014(43):5561-5593.

[85] Yu L-C, Chen Z-F, Liang H, et al. A triple helical calcium-based coordination polymer with strong blue fluorescent emission [J].J. Mol. Struct., 2005, 750(1-3):35-38.

[86] Murugavel R, Kumar P, Walawalkar M G,et al. A double helix is the repeating unit in a luminescent calcium 5-aminoisophthalate supramolecular edifice with

water-filled hexagonal channels [J].Inorg. Chem.,2007,46(17):6828-6830.

[87] Gurunatha K L, Uemura K, Maji T. K. Temperature-and stoichiometry-controlled dimensionality in a magnesium 4,5-imidazoledicarboxylate system with strong hydrophilic pore surfaces [J].Inorg.Chem.,2008,47(15):6578-6580.

[88] Zhong R-Q, Zou R-Q, Du M, et al. Observation of helical water chains reversibly inlayed in magnesium imidazole-4,5-dicarboxylate [J].Cryst Eng Comm, 2008(10):1175-1179.

[89] Pan L, Frydel T, Sander M B, et al. The effect of pH on the dimensionality of coordination polymers [J].Inorg. Chem., 2001(40):11271-11283.

[90] Videnova-Adrabinska V. Coordination and supramolecular network entang-lements of organodisulfonates [J].Coord. Chem. Rev.,2007,251(15-16):1987-2016.

[91] Volkringer C. Marrot J, Férey G, et al. Hydrothermal crystallization of three calcium-based hybrid solids with 2,6-naphthalene- or 4,4'-biphenyl-dicarboxylates [J].Cryst. Growth. Des.,2008(8):685-689.

[92] Pan L, Frydel T, Sander M B, et al. The effect of pH on the dimensionality of coordination polymers [J].Inorg. Chem.,2001,40(6):1271-1283.

[93] Volkringer C,Loiseau T,Fe'rey G R,et al.A new calcium trimellitate coordination polymer with a chain-like structure[J].Solid State Sciences,2007,9:455-458.

[94] Fox S, Bulsching I, Barklage W, et al. Coordination of biologically important r-amino acids to calcium(II) at high pH:insights from crystal structures of calcium a-aminocarboxylates [J].Inorg.Chem.,2007(46):818-824.

[95] Matsumoto K, Matsui T, Nohira T, et al. Crystal structure of $Na[N(SO_2CF_3)_2]$ and coordination environment of alkali metal cation in the $M[N(SO_2CF_3)_2]$ ($M^+=Li^+,Na^+,K^+$,and Cs^+) structures [J].J. Fluorine. Chem.,2015,174:42-48.

[96] Zheng Y-Q, Han X-Y, Zhu H-L. Syntheses, crystal structures and properties of tetrahydrofuran-2,3,4,5-tetracarboxylato bridged copper(II) coordination polymers with alkali metals [J].Polyhedron,2010,29(2):911-919.

[97] Wang Q-Y,Zhang X-L,Meng Q-H,et al.Metal-organic coordination polymers based on Cs(I),Rb(I) and isoflavone-3'-sulfonate ligands [J].Polyhedron, 2015(85):953-961.

[98] Wang J-H,Tang G-M,Qin T-X,et al.A set of alkali and alkaline-earth coordination polymers based on the ligand 2-(1H-benzotriazol-1-yl) acetic

acid: Effects the radius of metal ions on structures and properties[J].J. Solid State Chem.,2014(219):55-66.

[99] Karipides A, Miller C. Crystal structure of calcium 2-fluorobenzoate dihydrate: indirect calcium...fluorine binding through a water-bridged outer-sphere intermolecular hydrogen bond [J].J. Am. Chem. Soc., 1984, 106(5):1494-1495.

[100]Planchais A,Devautour-Vinot S,Giret S,et al. Adsorption of benzene in the cation-containing MOFs MIL-141 [J].The Journal of Physical Chemistry C,2013, 117(38):19393-19401.

[101]Chow M Y, Zhou Z Y, Mak T C W. A linear polymeric copper(II) complex bridged simultaneously by azido, nitrato, betaine ligands. Crystal structure of catena-[Bis (.mu.-(1,1)-azido)bis(.mu.-nitrato-O,O')bis-((.mu.-trimethylammonio)acetato-O,O')dicopper(II)], [Cu$_2$(N$_3$)$_2$(NO$_3$)$_2$(Me$_3$NCH$_2$CO$_2$)$_2$]$_n$ [J].Inorg. Chem., 1992, 31c4900-4902.

[102]张利学 , 陈长乐 . 碱金属掺杂 ZnO 薄膜发光性能研究 [J]. 人工晶体学报 . 2009,38(06):1477-1480.

[103]Demadis K D, Armakola E, Papathanasiou K E, et al. Structural systematics and topological analysis of coordination polymers with divalent metals and a glycine-derived tripodal phosphonocarboxylate [J].Crystal Growth & Design,2014, 14(10):5234-5243.

[104]Demadis K D, Famelis N, Cabeza A, et al. 2D corrugated magnesium carboxyphosphonate materials: topotactic transformations and interlayer "decoration" with ammonia [J].Inorg. Chem.,2012,51(14) :7889-7896.

[105]Xu X-L, Lu Y-H, Xu L-T, et al. Microwave synthesis, crystal structures, and low-temperature heat capacities of two novel alkaline earth metal coordination polymers featuring O-ferrocecarbonyl benzoic acid [J].J. Therm. Anal. Calorim., 2014, 119(3):2053-2062.

[106]Elahi S M, Rajasekharan M V. Alkaline-earth (Mg-Ba) coordination networks built around the tris(dipicolinato)cerate(3-) ion: highly hydrated networks that survive dehydration [J].Eur. J. Inorg. Chem., 2015,2015(1) :171-178.

[107]Al-Shboul Tareq M A, Volland G, Görls H, et al.[Bis(tetrahydrofuran-O)-bis(1,3-dialkyl-2-diphenyl-phosphanyl-1,3-diazaallyl)calcium]-synthesis and crystal structures of calcium bis[phospha(III)guanidinates] and investigations of

catalytic activity [J].Z. Anorg. Allg. Chem., 2009, 635(11): 1568-1572.

[108]Barrett A G M, Crimmin M R, Hill M S, et al. Insertion reactions of [small beta]-diketiminate-stabilised calcium amides with 1,3-dialkylcarbodiimides [J].Dalton Trans.,2008(33):4474-4481.

[109]Feil F, Harder S. Hypersilyl-substituted complexes of group 1 and 2 metals: Syntheses, structures and use in styrene polymerisation [J].Eur. J. Inorg. Chem., 2003, 2003(18):3401-3408.

[110]Chisholm M H, Gallucci J C, Phomphrai K. Well-defined calcium initiators for lactide polymerization [J].Inorg. Chem., 2004, 43(21):6717-6725.

[111]Piesik D F J. Häbe K, Harder S.Ca-mediated styrene polymerization:Tacticity control by ligand design [J].Eur. J. Inorg. Chem., 2007(36):5652-5661.

[112]Gándara F, García-Cortés A, Cascales C, et al. Rare earth arenedisulfonate metal-organic frameworks:An approach toward polyhedral diversity and variety of functional compounds [J].Inorg. Chem.,2007,46(9):3475-3484.

[113]Gándara F, Perles J, Snejko N, et al. Layered rare-earth hydroxides:A class of pillared crystalline compounds for intercalation chemistry [J].Angew. Chem. Int. Ed., 2006, 45(47):7998-8001.

[114]Gándara F, Puebla E G, Iglesias M, et al. Controlling the structure of arenedisulfonates toward catalytically active materials [J].Chem. Mater., 2009, 21(4):655-661.

[115]Côté A P, Shimizu G K H. Coordination solids via assembly of adaptable components:Systematic structural variation in alkaline earth organosulfonate Networks [J].Chemistry-A European Journal,2003,9(21):5361-5370.

[116]Platero-Prats A E, Iglesias M, Snejko N, et al. From coordinatively weak ability of constituents to very stable alkaline-earth sulfonate metal-organic frameworks [J].Crystal Growth & Design, 2011,11(5):1750-1758.

[117]Saha D, Maity T, Koner S. Alkaline earth metal-based metal-organic framework: hydrothermal synthesis, X-ray structure and heterogeneously catalyzed Claisen-Schmidt reaction [J].Dalton Trans., 2014, 43(34):13006-13017.

[118]Amghouz Z, Roces L,García-Granda S, et al. Metal organic frameworks assembled from Y(iii), Na(i), and chiral flexible-achiral rigid dicarboxylates [J]. Inorg. Chem., 2010, 49(17):7917-7926.

[119]Maity T,Saha D,Das S,et al.Barium carboxylate metal-organic framework-synthesis, X-ray crystal structure, photoluminescence and catalytic study [J].Eur. J. Inorg. Chem.,2012,2012(30):4914-4920.

[120]Umeyama D, Horike S, Inukai M, et al. Integration of intrinsic proton conduction and guest-accessible nanospace into a coordination polymer [J].J. Am. Chem. Soc., 2013, 135(30):11345-11350.

[121]Umeyama D, Horike S, Inukai M, et al. Integration of intrinsic proton conduction and guest-accessible nanospace into a coordination polymer [J].J. Am. Chem. Soc., 2013,135(30):11345-11350.

[122]Yoon M, Suh K, Natarajan S, et al. Proton conduction in metal-organic frameworks and related modularly built porous solids [J].Angew. Chem. Int. Ed., 2013,52(10):2688-2700.

[123]Taylor J M, Dawson K W, Shimizu G K. A water-stable metal-organic framework with highly acidic pores for proton-conducting applications [J].J. Am. Chem. Soc., 2013, 135(4):1193-1196.

[124]Karim M R, Hatakeyama K, Matsui T, et al. Graphene oxide nanosheet with high proton conductivity [J].J. Am. Chem. Soc., 2013, 135(22):8097-8100.

[125]Okawa H, Sadakiyo M, Yamada T, et al. Proton-conductive magnetic metal-organic frameworks, $\{NR_3(CH_2COOH)\}[M_a^{ii}M_b^{iii}(ox)_3]$: Effect of carboxyl residue upon proton conduction [J].J. Am. Chem. Soc., 2013, 135(6):2256-2262.

[126]Horike S, Kamitsubo Y, Inukai M, et al. Postsynthesis modification of a porous coordination polymer by LiCl to enhance H^+ transport [J].J. Am. Chem. Soc., 2013,135(12):4612-4615.

[127]Zhu M, Hao Z M, Song X Z, et al. A new type of double-chain based 3D lanthanide(Ⅲ) metal-organic framework demonstrating proton conduction and tunable emission [J].Chem. Commun(Camb), 2014, 50(15):1912-1914.

[128]Nagarkar S S, Unni S M, Sharma A, et al. Two-in-one: Inherent anhydrous and water-assisted high proton conduction in a 3D metal-organic framework [J]. Angew. Chem. Int. Ed., 2014, 53(10):2638-2642.

[129]Liang X, Zhang F, Feng W, et al. From metal-organic framework(MOF) to MOF-polymer composite membrane: Enhancement of low-humidity proton conductivity [J].Chem. Sci.,2013,4(3):983-992.

[130]Kim S, Dawson K W, Gelfand B S, et al. Enhancing proton conduction in a metal-organic framework by isomorphous ligand replacement [J].J. Am. Chem. Soc., 2013, 135(3):963-966.

[131]Yamada T, Otsubo K, Makiura R, et al. Designer coordination polymers: Dimensional crossover architectures and proton conduction [J].Chem. Soc. Rev.,2013, 42(16):6655-6669.

[132]Horike S, Umeyama D, Kitagawa S. Ion conductivity and transport by porous coordination polymers and metal-organic frameworks [J].Acc. Chem. Res., 2013, 46 (11):2376-2384.

[133]Xu G, Otsubo K, Yamada T, et al. Superprotonic conductivity in a highly oriented crystalline metal-organic framework nanofilm [J].J. Am. Chem. Soc.,2013,135 (20):7438-7441.

[134]Horike S, Kamitsubo Y, Inukai M, et al. Postsynthesis modification of a porous coordination polymer by licl to enhance H$^+$ transport [J].J. Am. Chem. Soc., 2013, 135 (12):4612-4615.

[135]Usman M, Mendiratta S, Batjargal S, et al. Semiconductor behavior of a three-dimensional strontium-based metal-organic framework[J].ACS Appl. Mat. Interfaces,2015,7(41):22767-22774.

[136]Kundu T, Sahoo SC, Banerjee R. Alkali earth metal (Ca,Sr,Ba) based thermostable metal-organic frameworks(MOFs) for proton conduction [J].Chem Commun,2012,48(41):4998-5000.

[137]Asha K S,Reber A C,Pedicini A F,et al.The effects of alkaline-earth counterions on the architectures, band-gap energies, and proton transfer of triazole-based coordination polymers [J].Eur. J. Inorg. Chem.,2015,2015(12):2085-2091.

[138]Mendiratta S, Usman M, Tseng T-W, et al. Low dielectric behavior of a robust, guest-free magnesium(II)-organic framework:A potential application of an alkaline-earth metal compound [J].Eur. J. Inorg. Chem., 2015(10):1669-1674.

[139]Dong X-Y, Hu X-P, Yao H-C, et al. Alkaline earth metal (Mg,Sr,Ba)-organic frameworks based on 2,2',6,6'-tetracarboxybiphenyl for proton conduction [J]. Inorg. Chem.,2014,53(22):12050-12057.

[140]Foo M L, Matsuda R, Kitagawa S. Functional hybrid porous coordination polymers [J].Chem. Mater.,2014,26(1):310-322.

[141]Kitagawa S, Kitaura R, Noro S-i. Functional porous coordination polymers [J]. Angew. Chem. Int. Ed.,2004,43(18):2334-2375.

[142]Foo M L, Horike S, Kitagawa S. Synthesis and characterization of a 1-D porous barium carboxylate coordination polymer, [Ba(HBTB)] (H₃BTB = Benzene-1,3,5-trisbenzoic Acid) [J].Inorg. Chem., 2011, 50(23):11853-11855.

[143]Foo M L, Horike S, Inubushi Y, et al. An alkaline earth I³O⁰ porous coordination polymer: [Ba₂TMA(NO₃)(DMF)] [J].Angew. Chem., Int. Ed., 2012, 124(25): 6211-6215.

[144]Mohapatra S, Hembram K P S S, Waghmare U, et al. Immobilization of alkali metal ions in a 3D lanthanide-organic framework:Selective sorption and H₂storage characteristics [J].Chem. Mater., 2009, 21(22):5406-5412.

[145]McDonald T M, Lee W R, Mason J A, et al. Capture of carbon dioxide from air and flue gas in the alkylamine-appended metal-organic framework mmen-Mg₂(dobpdc) [J].J. Am. Chem. Soc., 2012, 134(16):7056-7065.

[146]Osta R E, Frigoli M, Marrot J, et al. A lithium-organic framework with coordinatively unsaturated metal sites that reversibly binds water [J].Chem. Commun., 2012, 48(86):10639-10641.

[147]Planchais A, Devautour-Vinot S, Giret S, et al. Adsorption of benzene in the cation-containing MOFs MIL-141 [J].The Journal of Physical Chemistry C, 2013, 117(38):19393-19401.

[148]Demadis K D, Papadaki M, Raptis R G, et al. 2D and 3D alkaline earth metal carboxyphosphonate hybrids: Anti-corrosion coatings for metal surfaces [J].J. Solid State Chem., 2008, 181(3):679-683.

[149]Papadaki M, Demadis K D. Structural mapping of hybrid metal phosphonate corrosion inhibiting thin films [J].Comments Inorg. Chem., 2009, 30(3-4):89-118.

[150]Demadis K D, Papadaki M, Raptis R G, et al. Corrugated, sheet-like architectures in layered alkaline-earth metal r,s-hydroxy phosphonoacetate frameworks: applications for anticorrosion protection of metal surfaces [J].Chem. Mater., 2008, 20:4835-4846.

[151]Demadis K D, Papadaki M. Single-crystalline thin films by a rare molecular calcium carboxyphosphonatetrimer offer prophylaxis from metallic corrosion [J]. Appl. Mater. Interfaces, 2010,2:1814-1816.

[152]Demadis K D, Papadaki M, Císařová I. Single-crystalline thin films by a rare molecular calcium carboxyphosphonate trimer offer prophylaxis from metallic corrosion [J].ACS Appl. Mat. Interfaces,2010,2(7):1814-1816.

[153]Pan C, Nan J, Dong X, et al. A highly thermally stable ferroelectric metal-organic framework and its thin film with substrate surface nature dependent morphology [J].J. Am. Chem. Soc.,2011,133(32):12330-12333.

[154]Guo P-C, Chu Z, Ren X-M, et al. Comparative study of structures, thermal stabilities and dielectric properties for a ferroelectric MOF [Sr([small mu]-BDC)(DMF)][infinity] with its solvent-free framework [J].Dalton Trans., 2013, 42(18):6603-6610.

[155]Li X, Wu L, Corsa CAS,et al. Two mammalian MOF complexes regulate transcription activation by distinct mechanisms [J].Molecular Cell,2009, 36(2):290-301.

[156]Toyoshima C,Iwasawa S,Ogawa H, et al. Crystal structures of the calcium pump and sarcolipin in the Mg^{2+}-bound Elstate [J].Nature, 2013,495(7440):260-264.

[157]Giordano F, Saheki Y, Idevall-Hagren O, et al. PI(4,5) P-2-dependent and Ca2"-regulated ER-PM interactions mediated by the extended synaptotagmins [J].Cell, 2013,153(3):1494-1509.

[158]Li F Y, Chaigne-Delalande B, Kanellopoulou C, et al. Second messenger role for Mg^{2+} revealed by human T-cell immunodeficiency [J].Nature, 2011,475(7357):471-475.

[159]Hattori M, Tanaka Y, Fukai S, et al. Crystal structure of the MgtE Mg^{2+} transporter [J].Nature, 2007, 448(7157):1072-1075.

[160]Lee G S,Subramanian N, Kim A I,et al. The calcium-sensing receptor regulates the NLRP3 inflammasome through Ca^{2+} and cAMP[J].Nature, 2012,492(7429):123-127.

[161]Yuan P, Leonetti M D, Hsiung Y,et al. Open structure of the Ca^{2+} gating ring in the high-conductance Ca^{2+}-activated K^+ channel [J].Nature,2012,481(7379):94-97.

[162]Yang H, Kim A,David T, et al. TMEM16F forms a Ca^{2+}-activated cation channel required for lipid scrambling in platelets during blood coagulation [J].Cell, 2012,151(1):111-122.

[163]Shi X, Bi Y, Yang W, et al. Ca^{2+} regulates T-cell receptor activation by

modulating the charge property of lipids [J].Nature,2013,493(7430):111-115.

[164] Sharma S, Quintana A, Findlay G M, et al. An siRNA screen for NFAT activation identifies septins as coordinators of store-operated Ca^{2+} entry [J].Nature, 2013,499(7436):238-242.

[165] Mallilarikarainan K, Doonan P, Cardenas C, et al. MICU1 is an essential gatekeeper for MCU-mediated mitochondrial Ca^{2+} uptake that regulates cell survival [J]. Cell,2012,151(1):630-644.

[166] Mukheijee K, Sharma M, Urlaub H, et al. CASK functions as a Mg^{2+}-independent neurexin kinase [J].Cell,2008,133(2):328-339.

[167] Torvisco A, O'Brien A Y, Ruhlandt-Senge K. Advances in alkaline earth-nitrogen chemistry [J].Coord. Chem. Rev., 2011, 255(11-12):1268-1292.

[168] Harder S. Recent developments in cyclopentadienyl-alkalimetal chemistry [J]. Coord. Chem. Rev., 1998,176(1):17-66.

[169] Sugihara H, Hiratani K.1,10-phenanthroline derivatives as ionophores for alkali metal ions [J].Coord. Chem. Rev.,1996,148:285-299.

[170] Ren A, Rajashankar K R,Patel D J. Fluoride ion encapsulation by Mg^{2+} ions and phosphates in a fluoride riboswitch [J].Nature, 2012,486(7401):85-89.

[171] Chen P G, Deng Z, Gao P S. The synthesis and crystal structure of a ternary mixed calcium complexes [Ca(NO$_3$)(Phen)$_2$(H$_2$O)$_2$](NO$_3$) [J].Journal of Natural Science of Heilongjiang University, 2006,23(6):806-809.

[172] Xiao H X, Cai T J, Long Y F, et al. The synthesis and characterization of schiff based Alkali metal complexes [J].Journal of Guangxi Normal University, 2004, 22(2):62-65.

[173] Westerhausen M. Synthesis, properties, and reactivity of alkaline earth metal bis[bis(trialkylsilyl)amides] [J].Coord. Chem. Rev., 1998,176(1):157-210.

[174] Steed J W. First- and second-sphere coordination chemistry of alkali metal crown ether complexes [J].Coord. Chem. Rev., 2001(1):171-221.

[175] Glasner M E, Bergman N H, Bartel D P. Metal ion requirements for structure and catalysis of an RNA ligase ribozyme [J].Biochemistry, 2002,41:8103-8112.

[176] Kluge S, Weston J. Can a hydroxide ligand trigger a change in the coordination number of magnesium ions in biological systems [J]. Biochemistry, 2005, 44(12):4877-4885.

[177] Cowan J A. Metal activation of enzymes in nucleic acid biochemistry [J].Chem. Rev.,1998, 98:1067-1087.

[178] Wang L, Narcollas G H. Calcium orthophosphates: Crystallization and dissolution [J].Chem. Rev., 2008, 108(11):4628-4669.

[179] 计亮年, 莫庭焕. 生物无机化学导论 [M]. 广州 : 中山大学出版社 ,1992:39-61,84-85,258-295.

[180] Linton D J, Schooler P, Wheatley A E H. Group 12 and heavier group 13 alkali metal 'ate complexes [J].Coord. Chem. Rev., 2001,223(1):53-115.

[181] Ellis-Davies, G. C. R.Neurobiology with caged calcium [J].Chem. Rev., 2008,108:1603-1613.

[182] Chen W l, Chen W X, Zhuang G l, et al. The effect of earth metal ion on the property of peptide-based metal-organic frameworks [J].Cryst Eng Comm, 2013, 15(27):5545-5551.

[183] Rao P C, K S A, Mandal S. Synthesis, structure and band gap energy of a series of thermostable alkaline earth metal based metal-organic frameworks [J].Cryst Eng Comm,2014,16 (39):9320-39325.

[184] Asha K S, Makkitaya M, Sirohi A, et al. A series of s-block(Ca, Sr and Ba) metal-organic frameworks:synthesis and structure-property correlation [J].Cryst Eng Comm,2016,18(6):1046-1053.

[185] M P, Asha K S, Sinha M, et al. The structural diversity, band gap energy and photoluminescence properties of thiophenedicarboxylate based coordination polymers [J].Cryst Eng Comm,2016,18(4):536-543.

[186] Yu Y Z, Li Y N, Deng Z P, et al. Influence of metal cations and coordination modes on luminescent group 1 and 2 metal sulfonate complexes constructed from 4,4'-dihydroxybiphenyl-3,3'-disulfonic acid [J].Eur. J. Inorg. Chem., 2015, 2015(13):2254-2263.

[187] Zhu Z B, Wan W, Deng Z P, et al. Structure modulations in luminescent alkaline earth metal-sulfonate complexes constructed from dihydroxyl-1,5-benzenedisulfonic acid: Influences of metal cations,coordination modes and pH value [J].Cryst Eng Comm, 2012, 14(20):6675-6688.

[188] Lian C, Liu L, Guo X, et al. Honeycomb-shaped coordination polymers based on the self-assembly of long flexible ligands and alkaline-earth ions [J].J Solid

State Chem.,2016(233):229–235.

[189] Xu F,Wang H,Teat S J,et al.Synthesis, structure and enhanced photoluminescence properties of two robust, water stable calcium and magnesium coordination networks [J].Dalton Trans.,2015,44(47):20459–20463.

[190] Reger D L, Leitner A, Pellechia P J,et al. Framework complexes of group 2 metals organized by homochiral rods and $\pi \cdots \pi$ stacking forces:A breathing supramolecular MOF [J].Inorg. Chem.,2014,53(18):9932–9945.

[191] Raja D S, Luo J H, Yeh C T, et al. Novel alkali and alkaline earth metal coordination polymers based on 1,4–naphthalenedicarboxylic acid: Synthesis, structural characterization and properties [J].Cryst Eng Comm, 2014, 16(10):1985–1994.

[192] Zhang S, Liu X, Yang Q, et al. Mixed–metal–organic frameworks(M[prime or minute]MOFs) from 1D to 3D based on the "organic" connectivity and the inorganic connectivity: syntheses,structures and magnetic properties [J].Cryst Eng Comm, 2015,17(17):3312–3324.

[193] Chen S, Shuai Q, Gao S. Two three–dimensional metal–organic frameworks constructed from alkaline earth metal cations(Sr and Ba) and 5–nitroisophthalicacid–synthesis, charaterization, and thermochemistry [J].Z. Anorg. Allg. Chem.,2008, 634(9):1591–1596.

[194] Raja D S, Luo J H, Yeh C T, et al. Novel alkali and alkaline earth metal coordination polymers based on 1,4–naphthalenedicarboxylic acid: Synthesis, structural characterization and properties [J].Cryst Eng Comm, 2014,16(10):1985–1994.

[195] Tian C, Zhang H, Du S. Acentric and chiral heterometallic inorganic–organic hybrid frameworks mediated by alkali or alkaline earth ions: Synthesis and NLO properties [J].Cryst Eng Comm,2014,16(20):4059–4068.

[196] Huang Y Q,Cheng H D,Guo B L,et al. Four alkaline earth metal complexes with structural diversities induced by cation size[J].Inorg. Chim. Acta.,2014(421):318–325.

[197] Zima V,Raja D S,Lee Y S,et al.Alkaline–earth metal phosphonocarboxylates: Synthesis, structures, chirality, and luminescence properties [J].Dalton Trans.,2013,42 (43):15332–15342.

[198] Chen X, Plonka A M, Banerjee D, et al. Synthesis, structures and photoluminescence properties of a series of alkaline earth metal-based coordination networks synthesized using thiophene-based linkers [J].Crystal Growth & Design, 2013, 13(1):326-332.

[199] Foo M L, Horike S, Duan J, et al. Tuning the dimensionality of inorganic connectivity in barium coordination polymers via biphenyl carboxylic acid ligands [J].Crystal Growth & Design,2013,13(7):2965-2972.

[200] Zhang X, Huang Y Y, Lin Q P, et al. Using alkaline-earth metal ions to tune structural variations of 1,3,5-benzenetricarboxylate coordination polymers [J]. Dalton Trans.,2013,42(6):2294-2301.

[201] Liu F, Xu Y, Zhao L, et al. Porous barium-organic frameworks with highly efficient catalytic capacity and fluorescence sensing ability [J].Journal of Materials Chemistry A,2015,3(43):21545-21552.

[202] Luo H, Ma C, Jiao C Q, et al. Synthesis, structures, luminescent and molecular recognition properties of three new alkaline earth metal carboxyphosphonates with a 3D supramolecular structure [J].New J. Chem., 2015,39(8):6611-6622.

[203] Stangel C,Daphnomili D, Lazarides T,et al.Noble metal porphyrin derivatives bearing carboxylic groups: Synthesis, characterization and photophysical study [J].Polyhedron,2013,52:1016-1023.

[204] Lazarides T, Barbieri A, Sabatini C, et al. Photoinduced energy transfer between Re(I) and Ru(II) termini connected through a new exo-ditopic bis-phenanthroline ligand fused to a central macrocycle spacer: Synthesis, structure, and electrochemical and photophysical properties of a heterodinuclear complex [J]. Inorg. Chim. Acta,2007,360(3):814-824.

[205] Angaridis P A, Lazarides T, Coutsolelos A C. Functionalized porphyrin derivatives for solar energy conversion [J].Polyhedron,2014,82:19-32.

[206] Douvali A, Tsipis A C, Eliseeva S V, et al. Turn-on luminescence sensing and real-time detection of traces of water in organic solvents by a flexible metal-organic framework [J].Angew. Chem. Int. Ed., 2015, 54(5):1651-1656.

[207] Douvali A, Papaefstathiou G S, Gullo M P, et al. Alkaline earth metal ion/dihydroxy-terephthalate mofs:Structural diversity and unusual luminescent properties [J].Inorg. Chem.,2015,54(12):5813-5826.

第二章　刚性配体构筑的 s-MOCPs 的合成、结构及荧光性能研究

　　三维、多孔、有序的金属有机配位聚合物（MOCPs）已经在许多领域取得丰硕的研究成果，如气体储存[1-2]、分离[3]，催化[4-5]，药物运载[6]，生物成像[7-8]，磁性[9]和荧光[10-12]等。目前，在已报道的 MOCPs 中，具有荧光性质的 MOCPs 引起了广泛的关注，因其在显示器[13]、光学器件[14]、照明[15-18]和传感[19-21]等方面具有潜在应用价值。由于荧光 MOCPs 非常容易受到外部环境的影响，导致其荧光性质发生显著变化，因此，它们可被用作传感材料来检测识别目标分子或离子[22-29]。另外，很多具有活性位点的荧光 MOCPs 可以被后合成修饰，从而优化其荧光性能[30-31]。

　　根据荧光 MOCPs 发光的原理，荧光发射可以分为：金属中心荧光发射（一般存在于稀土金属有机硒己位聚合物）、电荷转移荧光发射（配体到金属的电荷转移或金属到配体的电荷转移）、基于配体的荧光发射（具有高共轭或其他荧光性质的有机配体）以及客体分子荧光发射。每种荧光发射都可能受到引入的客体分子的影响，从而显示出灵敏的分子传感效应。其中，基于配体荧光发射的 MOCPs 材料大多是以不发光的金属离子为节点，由具有荧光性质的 π 共轭有机分子作为连接体。将具有荧光性质的配体构筑到 MOCPs 的框架中，可以约束其几何构型，以减少非辐射衰减产生的能量损失，从而提高化合物的荧光性能。

　　目前，大多数已报道的 MOCPs 材料，其金属中心离子都被聚焦于稀土金属离子或过渡金属离子。而在基于具有荧光性质的 MOCPs 研究中，基于配体发光的荧光 MOCPs 的金属中心离子都是过渡金属离子[32-35]。基于 S 区碱土金属离子的 MOCPs 相对较少，如本论文第一章所述，其原因在于 S 区金属离子电荷

小、体积大，没有稳定的配位场；没有多变的氧化态；没有单电子，导致所形成的配合物没有磁性；形成的配合物中心原子容易溶剂化；金属离子的配位数可在 2 ~ 13 大范围内变动，从而给定向设计合成荧光 S 区金属有机配位聚合物（s-MOCPs）带来许多困难。

事实上，碱土金属离子具有类似于稀土金属离子的半径大、配位数高等特点，且价格低廉、低毒或无毒，因此其在材料科学中具有一定的应用优势，其构建的 MOCPs 已经在气体吸附与分离、抗腐蚀、催化、光致发光和医药等方面展现出巨大潜力。尤其是在荧光 MOCPs 的构筑中，当需与一个特定的荧光配体键连时，重碱土金属离子如 Sr^{2+}、Ba^{2+} 可以成为稀土金属离子更经济的替代品。另外，配位能力弱的碱土金属离子可能更难以与配体上的配位点产生相互作用，这可能会使最终合成化合物的结构中留有未配位的作用位点。与配位点全部配位进而形成穿插结构相比，内部存在活性位点的 MOCPs 有利于其与外部客体相互作用，从而更高效地影响化合物的荧光性质，产生更好的荧光传感效果。同时，MOCPs 中的活性位点也有利于对其进行后合成修饰，进而扩展 MCCPs 的性能。目前基于 S 区金属离子 S^{2+} 和 Ba^{2+} 的 s-MOCPs 后合成功能化的研究少见报道。

自从 Robson[36-41] 首次报道 MOCPs 的后合成修饰以来，基于 MOCPs 后合成的研究和应用已经在很多领域展现出巨大潜能。进行后合成修饰的 MOCPs，须在一系列化学处理过程中保持稳定，更有利的条件是，致密多孔以允许外部客体进入，并提供活性位点与外部客体相互作用。具有活性位点的荧光 s-MOCPs 不仅可以通过研究其荧光性质受客体的影响而进行传感，也可以通过后合成修饰来优化其发光特性，甚至进行白光发射。目前已有很多基于稀土离子和过渡金属离子掺杂的白光发射 MOCPs 被成功合成。然而，基于 S 区金属离子并可用于功能传感、颜色调控和白光发射的 s-MOCPs 的研究仍是空白。

近几年，具有白光发射性质的 MOCPs 引起了研究者们的广泛关注[42]。研究者认为，基于三原色理论，MOCPs 的白光发射可以通过调控 MOCPs 中掺杂的绿光发射的 Tb^{3+} 金属离子和红光发射的 Eu^{3+} 金属离子，以及蓝光发射的 Ln^{3+} 金属离子或配体的摩尔比来获得[43-45]。然而，这种方法导致实验中需要调控较多的变量，使最终的定向荧光颜色调控变得复杂而困难，尤其是当引入的 Tb^{3+} 金属离子和 Eu^{3+} 金属离子之间存在能量转移和交换时，最终合成化合物的白光发射将变得更加难以摸索[46]。因此，减少荧光颜色调控体系中的变量个数，甚至尝试只引入一种稀土金属离子来进行 MOCPs 白光发射的研究有重要的意义。

基于上述观点，本章在课题组荧光 MOCPs 方面的研究工作基础上，选用了具有氮杂环和三个羧基的 H₃BTPCA 配体（2,4,6-三异哌啶酸-1,3,5-三嗪），与 Sr²⁺、Ba²⁺ 金属离子进行实验合成研究，该配体（图 2.1）的三个外围芳环可以制造出支撑空间、多个羧基具有一定的旋转空间，从而有利于与配位能力弱的碱土金属离子配位和支持不同的配位构型。刚性的 H₃BTPCA 配体小的空间位阻、高的对称性和多的配位点发挥了重要作用，与 S 区金属离子成功合成了下列两个三维多孔、拓扑规则、结构稳定、荧光发射强且具有活性位点的 s-MOCPs：

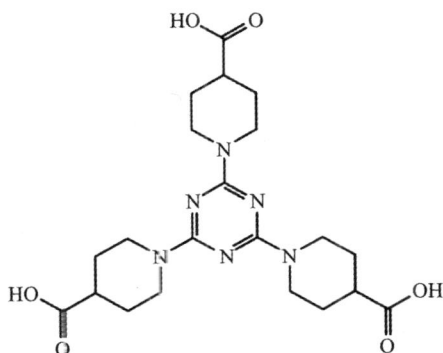

$$Sr(H_3BTPCA)(H_2O) \qquad (1)$$

$$Ba(H_3BTPCA)(DMF) \qquad (2)$$

图2.1　配体 H₃BTPCA 的结构示意图

X-射线单晶衍射分析表明，这两种化合物是同构的，其结构的区别在于与碱土金属中心离子配位的溶剂分子不同，而且在每个化合物分子内部都存在 4 个活性位点，包括 3 个来自三嗪基上的 N 原子和 1 个来自未完全配位的羧基上的 O 原子。化合物具有蓝色的荧光发射，本章中详细研究了两个化合物的荧光传感、荧光颜色调控和白光发射，并详细分析了相关机理。

2.1　化合物（1）和（2）的合成

2.1.1　H₃BTPCA 配体的合成

按照文献方法合成了配体 H₃BTPCA[47]。具体操作如下：在 500mL 烧瓶中，将 27.15g 异哌啶酸溶入 300mL 水中，充分搅拌，再加入 7.20g 氢氧化钠和 13.80 g 碳酸氢钠形成溶液 A。将 9.00g 三聚氯氰溶入 75mL 的 1,4-二氧六环中，所得到的溶液加入溶液 A 中，在室温下搅拌 30 分钟，将所得溶液在 110℃ 油浴中回流反应 10 ～ 12 小时后，冷却至室温，然后利用稀盐酸溶液将混合溶液的 pH 调至

1.00 左右，过滤，清液静置一周，得无色或微黄色晶体。将其水洗、离心、过滤并放入 50℃ 烘箱内干燥 8 小时，可得白色或微黄色粉末，即为 H_3BTPCA 配体（产率为 88.93%）。

2.1.2 $Sr(H_3BTPCA)(H_2O)(1)$ 的合成

将碳酸锶（0.015g，0.10mmol）、配体 H_3BTPCA（0.047g，0.10mmol）、DMF（6mL）和 EtOH（3mL）在常温下混合后，加热至 60℃ 搅拌 30min，之后以 80% 的填充度将溶液转入 15mL 的聚四氟乙烯反应釜，至 140℃ 烘箱内，加热 12 小时，以每小时 5℃ 的速度降至 100℃，关闭烘箱冷却至室温。开釜后将所得固体超声洗涤、过滤、干燥后，可得到簇状、无色透明的梭形晶体。产率为 73%（基于 H_3BTPCA 的量计算）。元素分析（$C_{21}H_{27}N_6O_7Sr$）理论计算值：C，44.79%；H，4.83%；N，14.92%。实验值：C，44.82%；H，4.90%；N，14.83%。红外光谱（KBr 压片，cm^{-1}）：3442（m），2939（m），1941（m），1531（s），1415（m），1371（m），1310（m），1187（m），945（s），804（s），666（m），511（m）。

2.1.3 $Ba(H_3BTPCA)(DMF)(2)$ 的合成

将碳酸钡（0.020g，0.10mmol）、配体 H_3BTPCA（0.047g，0.10mmol）、DMF（7mL）和 EtOH（2mL）在常温下混合后，加热至 60℃ 搅拌 30min，之后以 80% 的填充度将溶液转入 15mL 的聚四氟乙烯反应釜，在 150℃ 烘箱内加热 16 小时后，以每小时 5℃ 的速度降至 100℃，关闭烘箱冷却至室温。开釜后将所得固体超声洗涤、过滤、干燥后，可得到簇状、无色透明的梭形晶体。产率为 76%（基于 H_3BTPCA 的量计算）。元素分析（$C_{24}H_{34}N_7O_7Ba$）理论计算值：C，43.03%；H，5.12%；N，14.64%。实验值：C，42.98%；H，5.15%；N，14.58%。红外光谱（KBr 压片，cm^{-1}）：3445（m），2918（m），1941（m），1686（m），1525（s），1409（m），1234（m），1097（m），930（s），806（s），663（m），511（m）。

合成讨论：我们选择碱土金属离子作为节点连接荧光配体从而构筑荧光 MOCPs。然而，在较长的合成过程中，在各种实验条件下没有晶体形成，产物一直是白色沉淀，其被证实是目标产物的微晶。事实上，在金属源的选择中，硫酸盐、硝酸盐和氯化物在实验反应体系中曾被尝试使用，然而没有得到良好质量的晶体，这可能归因于快速释放的金属离子和溶剂的 pH 环境不利于单晶的形成。为了降低金属离子的释放速度和调整溶剂环境，碳酸盐被用作原料来合成化

合物 (1) 和 (2)。幸运的是，具有低溶解度的碳酸盐能够更缓慢而有效地释放金属离子，并形成了合适的酸碱度，从而形成了质量良好的单晶。

为了在荧光 MOCPs 中获得更多的活性位点，除了具有多个配位点的荧光配体的选择，合适配位能力的金属的选择也非常重要。碱土金属离子与稀土和过渡金属离子相比，配位能力相对较弱，更加难以与 H_3BTPCA 中所有的配位点键连，因此在化合物结构中保留了较多的活性位点。一般来说，可与外部客体作用的位点越多，荧光传感器的分辨率越高，因此荧光 MOCPs 中的活性位点可能在荧光传感过程中起到重要作用。

2.1.4　稀土金属离子结合物 (1) ⊃ Tb、(1) ⊃ Eu、(2) ⊃ Tb、(2) ⊃ Eu 的制备

将 0.0035mmol 干燥的 $Sr(H_3BTPCA)(H_2O)$ 或 $Ba(H_3BTPCA)(DMF)$ 分别浸入 10mL 不同浓度 $TbCl_3$、$EuCl_3$ 的乙醇溶液中，24 小时后离心过滤，用乙醇清洗五次，后放入 100℃ 的烘箱内干燥 8 小时，可得到稀土金属离子结合物 (1) ⊃ Tb、(1) ⊃ Eu、(2) ⊃ Tb、(2) ⊃ Eu 微晶样品，以备后续研究。

2.1.5　过渡金属离子结合物 (1) ⊃ M、(2) ⊃ M 的制备

将 0.0035mmol 干燥的 $Sr(H_3BTPCA)(H_2O)$ 或 $Ba(H_3BTPCA)(DMF)$ 分别浸入 10mL 各含有不同浓度 MCl_x（$M=Co^{2+}$、Mn^{2+}、Cr^{3+}、Ni^{2+}、Fe^{3+}、Cu^{2+}、Zn^{2+}、Pb^{2+} 或 Sn^{2+}）的乙醇溶液中，24 小时后离心过滤，之后用乙醇清洗 5 次，放入 100℃ 的烘箱内干燥 8 小时，可得到过渡金属离子结合物 (1) ⊃ M^{n+}、(2) ⊃ M^{n+} 的微晶样品，以备后续研究。

2.2　X- 射线衍射晶体学数据

选取一颗大小适度、形状规则、晶质良好的晶体，将其封装于毛细玻璃管，固定于 X- 射线衍射仪，入射光源为石墨单色化 M_o-$K_α$ 的射线，在低温下对合理的衍射点进行收集后精修校正。具体过程如下：

化合物 (1)：将尺寸为 0.31mm×0.13mm×0.09mm 的无色梭状晶体用凡士林包裹后，封装于毛细玻璃管。采用 Bruker Smart-CCD Ⅱ 衍射仪，M_o-$K_α$（$λ$=0.71073Å），在 296(2)K 的温度下进行单晶衍射数据收集。h 值 k 值 l 值范围：$-19 \leqslant h \leqslant 19$，$-31 \leqslant k \leqslant 27$，$-5 \leqslant l \leqslant 9$，$θ$ 范围：$2.64° < θ < 25.03°$。

化合物 (2)：将尺寸为 0.35mm×0.15mm×0.10mm 的无色花瓣状单晶用凡

士林包裹后，至装于毛细玻璃管。采用 Bruker Smart-CCD Ⅱ衍射仪，M_o-K$_\alpha$（λ=0.71073Å），在 296(2)K 的温度下进行单晶衍射数据收集。h 值、k 值、l 值范围：$-21 \leqslant h \leqslant 22$，$-35 \leqslant k \leqslant 36$，$-11 \leqslant l \leqslant 11$，$\theta$ 范围：$2.09° < \theta < 28.37°$。

化合物 (1) 和 (2) 的实验条件、结构解析及其数据修正方法和晶体学数据[48,49]列于表 2.1 中，化合物 (1) 和 (2) 的部分键长、键角列于表 2.2、表 2.3 中。

表 2.1　金属—有机配位化合物 (1) 和 (2) 的晶体学数据表

项目	化合物 (1)	化合物 (2)
分子式	$C_{21}H_{27}N_6O_7Sr$	$C_{24}H_{34}N_7O_7Ba$
分子量（g·mol^{-1}）	563.11	669.91
T（K）	296（2）	296（2）
波长（Å）	0.71073	0.71073
晶体系统	正交晶系	正交晶系
空间群	P b c a	P b c a
a（Å）	27.627（2）	7.3583（10）
b（Å）	6.8348（5）	27.280（4）
c（Å）	28.135（2）	27.856（4）
α（°）	90.00	90.00
β（°）	90.00	90.00
γ（°）	90.00	90.00
V（Å^3）	5312.7（7）	5591.7（14）
Z	8	8
晶体密度（g·cm^{-3}）	1.408	1.592
μ（mm^{-1}）	2.079	1.475
F（000）	2312.0	2712.0
θ 范围（°）	2.64～25.03	2.09～28.37
F^2 的拟合度	1.047	1.003
$R_1[I > 2\sigma（I）]$	0.0489	0.0302
wR_2（所有数据）	0.1291	0.0622

注：$R_1 = \Sigma||F_o|-|F_c||/\Sigma|F_o|$；

　　$wR_2 = \{\Sigma[w(F_o^2-F_c^2)^2]/\Sigma[w(F_o^2)^2]\}^{1/2}$。

表 2.2　金属—有机配位化合物 (1) 的键长和键角 ●

键名	键长	键名	键长
O(4)—Sr(1)#1	2.907(3)	Sr(1)—O(1)#7	2.504(3)
O(1)—Sr(1)	2.794(3)	Sr(1)—O(4)#6	2.501(3)
O(1)—Sr(1)#2	2.504(3)	O(2)—Sr(1)	2.634(3)
O(3)—Sr(1)#4	2.532(3)	O(3)—Sr(1)#1	2.653(3)
O(5)—Sr(1)#3	2.687(3)	O(4)—Sr(1)#5	2.501(3)
Sr(1)—O(5)#10	2.687(3)	Sr(1)—O(4)#9	2.907(3)
Sr(1)—O(3)#9	2.653(3)	Sr(1)—O(3)#8	2.532(3)
Sr(1)—Sr(1)#7	3.9668(4)	O(7)—Sr(1)	2.885(8)
O(1)#7—Sr(1)—O(3)#9	89.08(10)	O(1)—Sr(1)—O(7)	122.98(16)
Sr(1)#5—O(4)—Sr(1)#1	94.07(10)	O(2)—Sr(1)—O(7)	144.99(16)
Sr(1)#4—O(3)—Sr(1)#1	99.78(10)	O(1)#7—Sr(1)—O(4)#9	66.56(9)
Sr(1)#2—O(1)—Sr(1)	96.80(9)	O(5)#10—Sr(1)—O(7)	96.26(14)
O(3)#9—Sr(1)—O(7)	70.14(15)	O(4)#6—Sr(1)—O(4)#9	114.07(11)
O(4)#6—Sr(1)—O(1)#7	148.47(10)	O(5)#10—Sr(1)—O(4)#9	145.59(9)
O(1)—Sr(1)—O(4)#9	102.70(9)	O(3)#9—Sr(1)—O(4)#9	45.73(9)
O(1)#7—Sr(1)—O(2)	80.07(10)	O(2)—Sr(1)—O(4)#9	139.52(10)
O(1)#7—Sr(1)—O(3)#8	73.91(9)	O(3)#8—Sr(1)—O(4)#9	69.54(9)
O(7)—Sr(1)—O(4)#9	70.44(14)	O(4)#6—Sr(1)—O(5)#10	85.79(11)
O(4)#6—Sr(1)—O(2)	82.91(11)	O(3)#8—Sr(1)—O(3)#9	113.97(10)
O(3)#8—Sr(1)—O(2)	123.38(10)	O(3)#8—Sr(1)—O(5)#10	76.87(10)
O(4)#6—Sr(1)—O(3)#8	137.25(10)	O(1)#7—Sr(1)—O(5)#10	111.30(10)
O(4)#6—Sr(1)—O(3)#9	74.35(10)	O(1)#7—Sr(1)—O(1)	80.51(7)
O(2)—Sr(1)—O(5)#10	67.24(9)	O(4)#6—Sr(1)—O(1)	68.46(9)
O(3)#9—Sr(1)—O(5)#10	159.29(11)	O(3)#9—Sr(1)—O(1)	67.49(9)
O(2)—Sr(1)—O(3)#9	114.92(9)	O(1)#7—Sr(1)—O(7)	134.76(15)
O(3)#8—Sr(1)—O(1)	154.29(9)	O(4)#6—Sr(1)—O(7)	64.63(17)
O(2)—Sr(1)—O(1)	47.45(9)	O(5)#10—Sr(1)—O(1)	110.90(9)
O(3)#8—Sr(1)—O(7)	78.65(17)		

● 对称码：#1-x+3/2,-y+1,z+1/2；#2-x+3/2,y-1/2,z；#3 -x+1,y-3/2,-z+1/2；#4x,-y+3/2,z+1/2；#5 x,-y+1/2,z+1/2；#6 x,-y+1/2,z-1/2；#7 -x+3/2,y+1/2,z；#8 x,y+3/2,z-1/2；#9 -x+3/2,-y+1,z-1/2；#10-x+1, y+3/2,-z+1/2。

表 2.3　金属—有机配位化合物 (2) 的键长和键角 [●]

键名	键长	键名	键长
Ba(1)—O(2)#1	2.7055(18)	Ba(1)—O(4)#2	2.7364(18)
Ba(1)—O(1)	2.7271(19)	Ba(1)—O(3)	2.8010(19)
Ba(1)—O(4)#1	2.8145(18)	Ba(1)—O(5)	2.808(2)
Ba(1)—O(1)#1	2.9566(18)	Ba(1)—O(6)	2.812(2)
Ba(1)—O(2)	3.0009(18)	O(2)—Ba(1)#3	2.7055(17)
O(1)—Ba(1)#3	2.9565(18)	O(4)—Ba(1)#7	2.7364(18)
O(4)—Ba(1)#3	2.8144(18)	O(2)#1—Ba(1)—O(4)#2	72.40(5)
O(2)#1—Ba(1)—O(1)	144.31(5)	O(2)#1—Ba(1)—O(3)	86.01(6)
O(1)—Ba(1)—O(4)#2	142.94(5)	O(1)—Ba(1)—O(3)	75.23(6)
O(4)#2—Ba(1)—O(3)	125.17(6)	O(2)#1—Ba(1)—O(5)	135.16(6)
O(1)—Ba(1)—O(5)	68.25(6)	O(4)#2—Ba(1)—O(5)	79.33(6)
O(3)—Ba(1)—O(5)	138.78(6)	O(2)#1—Ba(1)—O(6)	109.48(6)
O(1)—Ba(1)—O(6)	89.71(6)	O(3)—Ba(1)—O(6)	64.59(6)
O(4)#2—Ba(1)—O(6)	76.06(6)	O(4)#2—Ba(1)—O(1)#1	71.69(5)
O(1)—Ba(1)—O(1)#1	113.23(6)	O(5)—Ba(1)—O(6)	96.18(6)
O(2)#1—Ba(1)—O(4)#1	85.33(5)	O(4)#2—Ba(1)—O(4)#1	116.14(5)
O(1)—Ba(1)—O(4)#1	74.07(6)	O(5)—Ba(1)—O(4)#1	76.68(6)
O(3)—Ba(1)—O(4)#1	111.31(5)	O(2)#1—Ba(1)—O(1)#1	65.32(5)
O(6)—Ba(1)—O(4)#1	163.71(6)	O(5)—Ba(1)—O(1)#1	73.17(6)
O(3)—Ba(1)—O(1)#1	141.54(6)	O(4)#1—Ba(1)—O(1)#1	44.88(5)
O(6)—Ba(1)—O(1)#1	147.35(6)	O(1)—Ba(1)—O(2)	64.44(5)
O(2)#1—Ba(1)—O(2)	80.85(4)	O(3)—Ba(1)—O(2)	44.33(5)
O(4)#2—Ba(1)—O(2)	152.43(5)	O(1)#1—Ba(1)—O(2)	103.28(5)
O(4)#1—Ba(1)—O(2)	67.01(5)	O(6)—Ba(1)—O(2)	107.66(5)
O(5)—Ba(1)—O(2)	126.13(5)		

[●] 　对 称 码：#1 x+1/2,y,−z+1/2；#2 x+1,y,z；#3 x−1/2,y,−z+1/2；#4−x+2,−y,−z+1；#5 −x+1/2,y1/2,z；
　　#6−x+1/2, y+1/2,z；#7 x−1,y,z。

2.3 结构讨论及性质表征

单晶衍射分析结果显示化合物 (1) 和 (2) 是正交 Pbca 空间群，结构框架同构，不对称单元包括一个晶体学独立的 $Sr^{2+}(Ba^{2+})$ 金属离子、一个 $HBTPCA^{2-}$ 离子和一个配位的 $H_2O(DMF)$ 分子。

化合物 (1) 的中心金属离子 Sr^{2+} 是九配位的，每个 Sr^{2+} 的配位环境相同，与 8 个来自于 6 个不同 BTPCA 配体的氧原子以及 1 个配位水分子配位，化合物 (2) 中的每个金属离子中心 Ba^{2+} 与 8 个来自 6 个不同 BTPCA 配体的氧原子以及 1 个配位的 DMF 分子配位。$Sr—O$ 键长度在 2.501(4) ~ 2.907(4)Å 的范围内，$Ba—O$ 键长度的范围在 2.7055(2) ~ 3.009(2)Å，均与文献报道一致[50-53]。化合物结构中除了一个未完全配位的羧基，基于半刚性的三羧酸配体以 C_3 对称的方式结合了 6 个碱土金属离子，如图 2.2 所示。

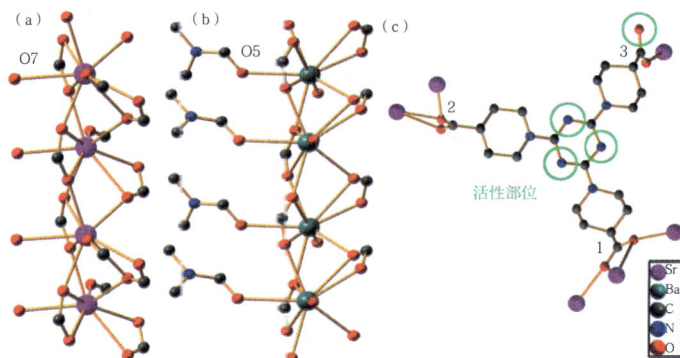

图 2.2 (a)金属—有机配位化合物 (1) 中 Sr^{2+} 的配位环境图；(b)金属—有机配位化合物 (2) 中 Bac^{2+} 的配位环境图；(c)H_3BTPCA 配体的配位环境图

H_3BTPCA 配体的配位模式中，每个配体分子所包含的三个羧基的配位情况不同，相邻的碱土金属离子 Sr^{2+} 与第一个羧基上的氧原子键接，从而形成了一维链，这些一维链进一步通过沿 b 轴方向的第二个羧基相互连接，形成了具有三个孔道的三维框架结构。如图 2.3 所示，化合物 (1) 中的配位水分子指向类三角形孔道内部，未完全配位的羧基指向类平行四边形孔道，另一个类平行四边形的孔道内部不含有未完全配位的羧基。

类似地，对于化合物 (2)，相邻的碱土金属 Ba^{2+} 离子以同样的方式形成一维链后，得到了与化合物 (1) 类似的三维结构，其中与碱土金属离子配位的水分子由 DMF 分子代替，在化合物 (2) 的结构框架中，沿 a 轴方向的类三角形孔道被

两个与 Ba^{2+} 金属离子配位的 DMF 分子占据。同样地，未完全配位的羧基指向类平行四边形孔道，另一个类平行四边形的孔道内部不含有未完全配位的羧基。

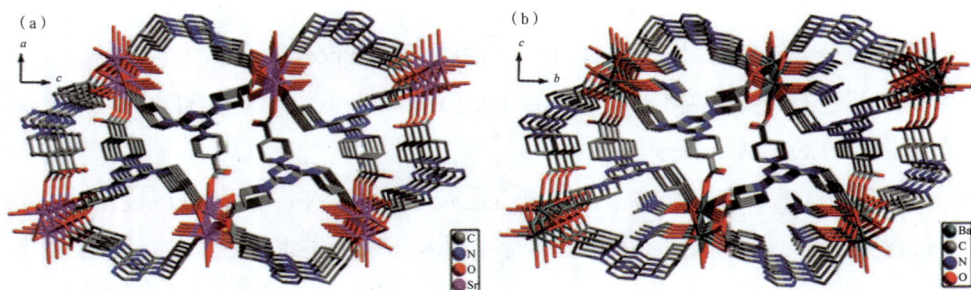

图 2.3　(a) 金属—有机配位化合物 (1) 沿 b 轴的堆积图；(b) 金属—有机配位化合物 (2) 沿 a 轴的堆积图

化合物 (1) 和 (2) 呈现出基于 $\{49 \cdot 66\}^2$ 拓扑结构的 3D 6.6-连接。其中，三维的 s-MOCPs 主框架中的 Sr^{2+}/Ba^{2+} 碱土金属离子作为一个六连接节点，每个配体作为另一个六连接节点，如图 2.4 和图 2.5 所示。

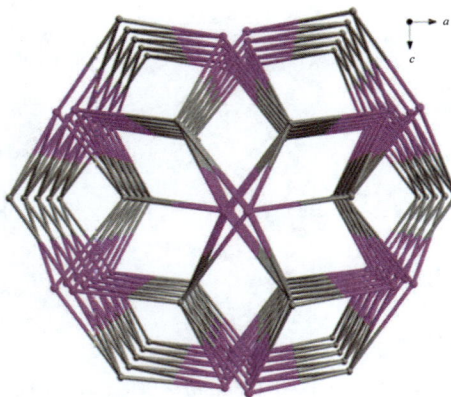

图 2.4　金属—有机配位化合物 (1) 沿 b 轴的三维空间配位图

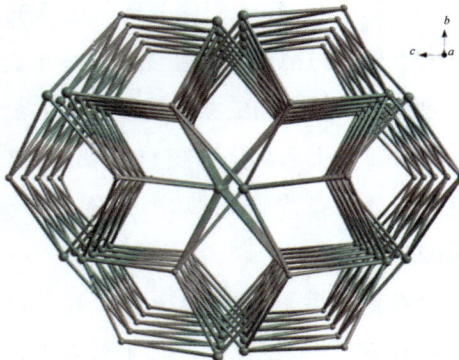

图 2.5　金属—有机配位化合物 (2) 沿 a 轴的三维空间配位图

值得一提的是，化合物 (1) 和 (2) 中所有的路易斯碱活性位点指向孔道内部，每个晶胞有 24 个路易斯碱活性位点。此外，在每个晶胞中有 8 个未完全配位的羧基。对于化合物 (1)，由 PLATON[54] 测得其溶剂可及空间为 11.9%。如图 2.6 所示，在 77K 温度下，测得其氮气吸附及解吸曲线为 I 型，揭示了化合物 (1) 为微孔结构的 s-MOCPs，朗格缪尔比表面积为 $128.5 m^2 \cdot g^{-1}$。相比之下，化合物 (2) 由于孔道被 DMF 分子占据，未表现出显著的微孔特征。化合物 (1) 在 273K 对二氧化碳吸附和解吸曲线表明，$Sr(H_3BTPCA)(H_2O)$ 和 $Ba(H_3BTPCA)(DMF)$ 内部的路易斯碱活性位点与二氧化碳分子间存在较强的主客体相互作用。

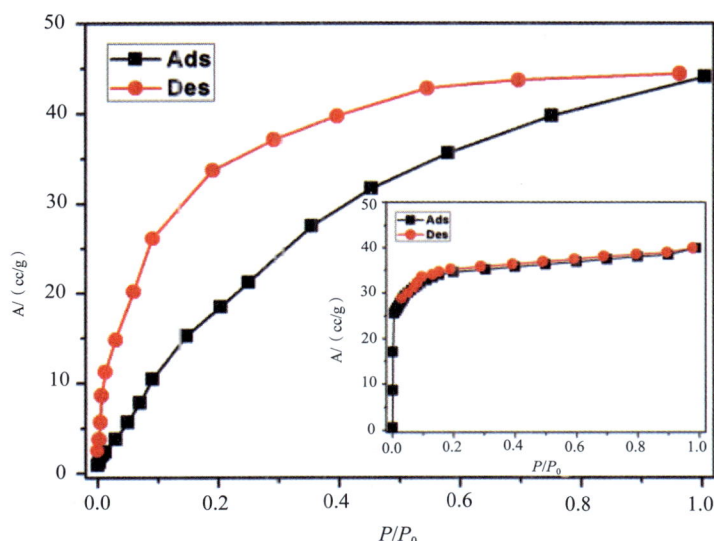

图 2.6　金属—有机配位化合物 (1) 在 273K 时对 CO_2 和在 77K 时对 N_2 的气体吸附等温线图

化合物 (1) 和 (2) 的红外光普如图 2.7 所示。在两个红外光谱图中，$3425 cm^{-1}$ 处的峰归因于水分子的 O—H 伸缩振动。基于羧基的配体 H_3BTPCA 在与金属离子配位形成 MOCPs 后，与游离的配体相比，其—COOH 基团处于 $2500 \sim 3200 cm^{-1}$ 左右的 $v_{(OH)}$、$1688 cm^{-1}$ 左右的 $v_{(C=O)}$、$1290 cm^{-1}$ 左右的 $v_{(C-O)}$ 和 $934 cm^{-1}$ 左右的 $v_{(O-H)}$ 吸收峰消失或缩小。

值得注意的是，与金属离子中心配位了一个水分子的化合物 (1)[$Sr(H_3BTPCA)$ (H_2O)] 的红外光谱相比，金属离子中心配位了一个 DMF 分子的化合物 (2) [$Ba(H_3BTPCA)(DMF)$] 的红外光谱在 $1676 cm^{-1}$ 处出现了一个较强的伸缩振动峰，该峰可归属为 DMF 分子上的 C＝O 伸缩振动，而化合物 (1) 在该位置没有出现明显的振动峰。红外光谱分析与两个化合物结构上的差异吻合。

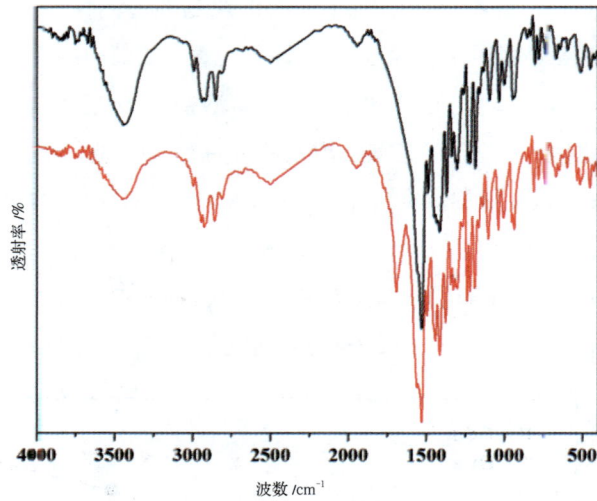

图 2.7　金属—有机配位化合物 (1) 和 (2) 的红外光谱图

　　具有良好热稳定性和致密孔结构的 MOCPs 对于引入客体分子是有帮助的。为了测试化合物 (1) 和 (2) 是否具有良好的耐热性，我们研究了两者在 25 ～ 800℃ 范围内氮气保护下的热重分析。

　　如图 2.8 和图 2.9 所示：对于化合物 (1)，其在 200℃ 之前失重 3.80%（计算值 3.18%），对应于 $Sr(H_3BTPCA)(H_2O)$ 配位水分子的失重；随着温度的进一步升高，在 300 ～ 550℃ 间进一步失重 77.58%（计算值 77.65%），对应于化合物 (1) 主体框架的分解，最终在 550℃ 之后剩余 18.62%（计算值 18.30%），为最终形成的氧化物 SrO。

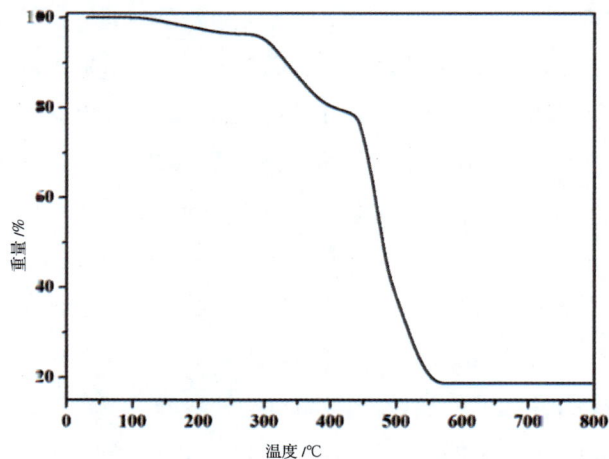

图 2.8　金属—有机配位化合物 (1) 的热重分析图

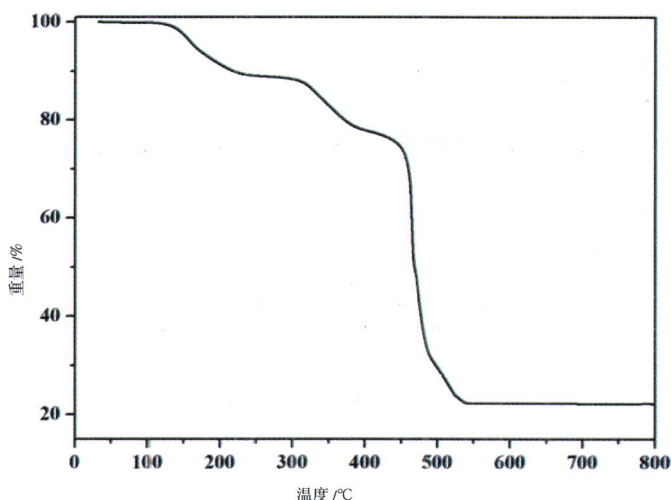

图 2.9　金属—有机配位化合物 (2) 的热重分析图

对于化合物 (2)，从室温加热到 300℃ 其失重为 11.05%（计算值 10.90%），对应 Ba(H₃BTPCA)(DMF) 配位的 DMF 分子的失去，在 300 ~ 550℃ 进一步失重 66.72%（计算值 66.81），对应化合物 (2) 主体框架的分解，最终在 550℃ 后剩余 22.23%（理论值 22.85%），为最终形成的氧化物 BaO。热重分析实验结果表明，两种化合物可以在 200℃ 以内的样品加热处理中保持稳定。

粉末 X-射线衍射（XRD）被用来验证化合物 (1) 和 (2) 样品的纯度。如图 2.10 和图 2.11 所示，将所得化合物的微晶样品进行粉末 X-射线衍射分析，化合物的 XRD 图与单晶结构分析对应的模拟图对比，它们之间没有出现明显的衍射峰数、角度位置、相对强度和峰形上的区别，两种化合物的小角度衍射峰均与其单晶模拟结果的衍射峰吻合，表明了化合物 (1) 和 (2) 的晶态样品具有较好的纯度。

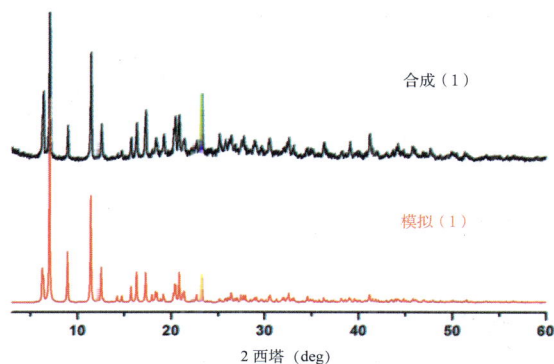

图 2.10　金属—有机配位化合物 (1) 和模拟 PXRD 对比图

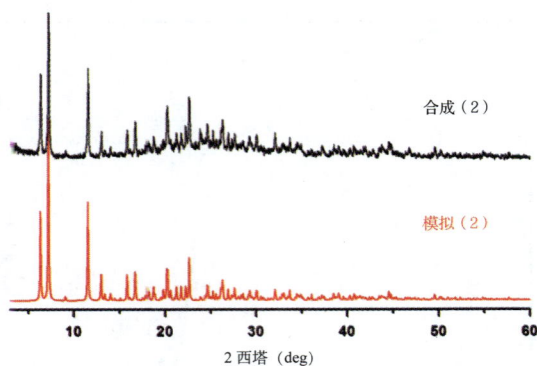

图 2.11　金属—有机配位化合物（2）和模拟 PXRD 对比图

2.4　化合物（1）和（2）的荧光颜色调控研究

固定发射波长为 365nm，扫描化合物荧光激发光谱；设定激发波长为最大激发波长，在 380 ～ 650nm 范围内扫描荧光发射光谱。可知：化合物 (1) 和 (2) 与配体 H_3BTPCA 的激发光谱十分相近，在 250 ～ 400nm 出现宽峰，最大发射均为 365nm，如图 2.12 ～图 2.14 所示。

配体、化合物 (1) 和 (2) 的发射光谱最大发射位置分别在 438nm、445nm 和 452nm 处，如图 2.15 所示。其中，配体的荧光发射归因于其分子内部 π-π* 电子跃迁引起的能量转移。与配体在 438nm 的荧光发射相比，化合物 (1) 和 (2) 的荧光发射稍有增强，并且分别红移了大约 7nm 和 14nm。化合物 (1) 和 (2) 荧光强度的增强和荧光发射的红移是因为配体与碱土金属形成化合物后增加了刚性。一般来说，配体刚性的增强有助于减少分子内部非辐射跃迁中的能量损失[55]。

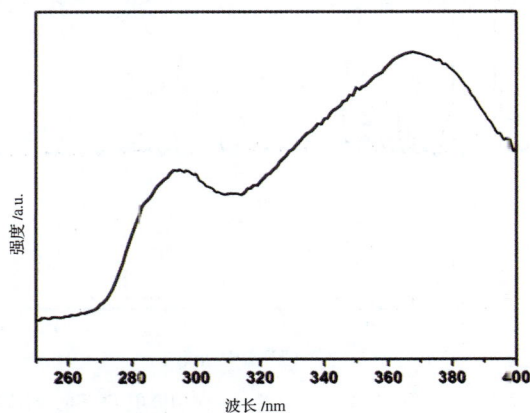

图 2.12　配体 H_3BTPCA（365nm）的激发光谱图

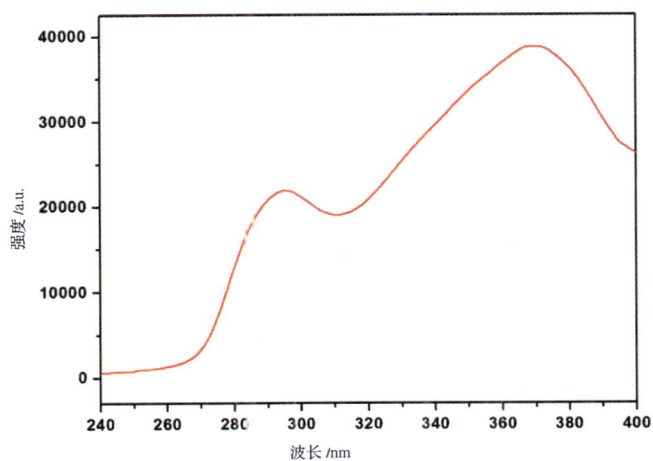

图 2.13　金属—有机配位化合物 (1)（365 nm）的激发光谱图

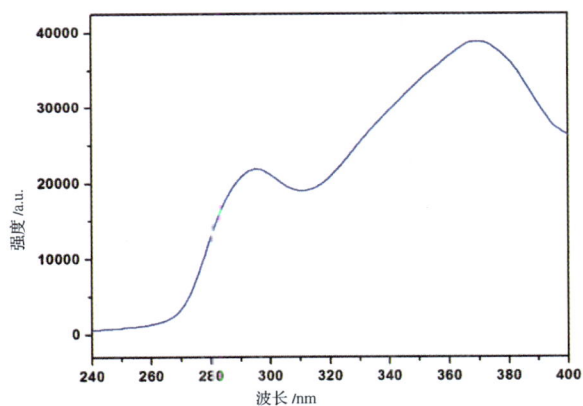

图 2.14　金属—有机配位化合物 (2)（365nm）的激发光谱图

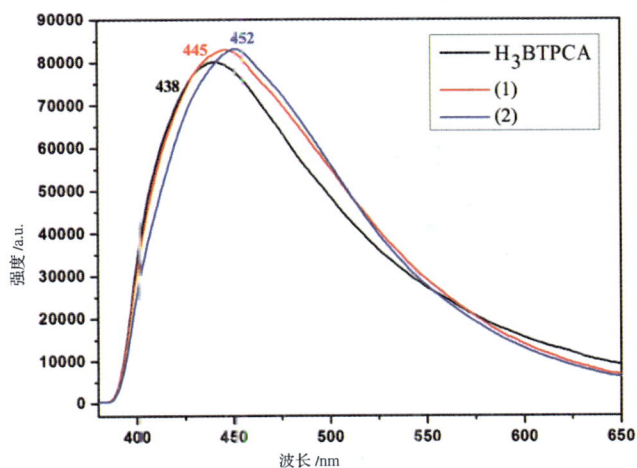

图 2.15　配体、金属—有机配位化合物 (1) 和金属—有机配位化合物 (2) 在 365 nm 激发的发射光谱图

如前言所述，一般来说，碱土金属有机配位聚合物发射峰红移的程度与以下因素相关：

（1）对于碱土离子的半径，在配体相同、碱土金属离子不同的情况下，所形成的同构 MOCPs，其金属离子半径越大，发射峰红移越大。

（2）配体去质子的数量越多，其红移程度越大。

（3）碱土金属离子与配体的配位能力越强，其红移程度越大[56]。

对于化合物 (1) 和 (2) 来说，金属中心离子半径大小顺序为 $Sr^{2+} < Ba^{2+}$，实验结果与理论相符，两者红移程度分别为 7nm（Sr^{2+}）和 14nm（Ba^{2+}）。

配体和两个化合物的荧光发射分别在 438nm、445nm 和 452nm，根据发射强度谱图和数据，利用 1931 年国际发光照明委员会的标准规范方法对其分别进行了颜色测量。配体、化合物 (1) 和 (2) 的色度图坐标所在区域，显示均属于蓝光发射，如图 2.16 和图 2.17 所示。因此，考虑以化合物 (1) 为例，引入绿色荧光发射的 Tb^{3+} 以及红色荧光发射的 Eu^{3+} 对其进行颜色调制，形成结合物 (1) ⊃ Tb 和 (1) ⊃ Eu。同时，为了优化其发光性能，将激发波长调整为 394nm，使其 CIE 坐标位置更加靠近绿光区和白光区。在此情况下配体的发光强度稍有减弱，这种减弱可以归因于在 394nm 的激发波长下，配体到金属的电荷转移产生的影响。

根据前述稀土金属离子结合物 (1) ⊃ Tb、(1) ⊃ Eu 的制备的步骤，制备了含有不同浓度稀土金属离子的 (1) ⊃ Tb 和 (1) ⊃ Eu，并对各样品进行了元素分析，具体数值如表 2.4 所示。

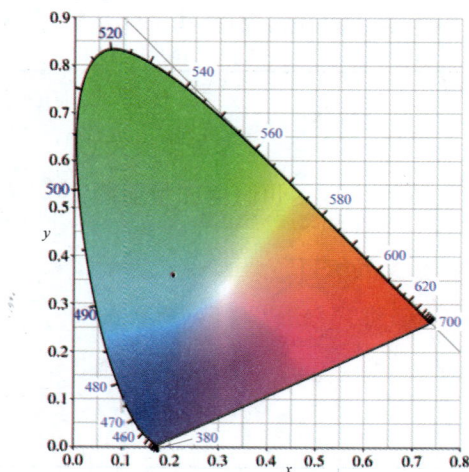

图 2.16　金属—有机配位化合物 (1) 在 394nm 处激发时的 CIE 色度图

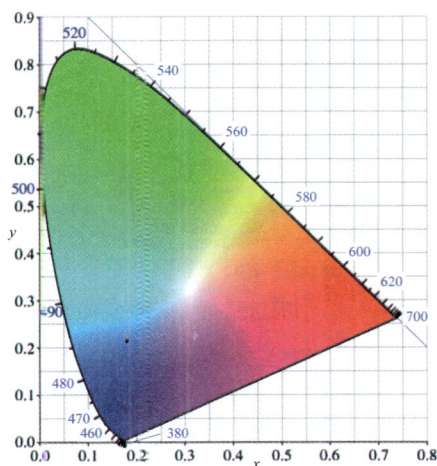

图 2.17 金属—有机配位化合物 (1) 在 365nm 处激发时的 CIE 色度图

表 2.4 掺杂 Eu^{3+} 和 Tb^{3+} 的金属—有机配位化合物 (1) 的点坐标和元素分析图

样品	点 A—L 的坐标	元素	含量（%）	浓度（mmol）	色温 /K
(1)(A)	A/ (0.2051, 0.3614)	Eu	0.01	0.001	12518
(1)⊃Eu(B)	B/ (0.2116, 0.3601)	Eu	0.07	0.010	12116
(1)⊃Eu(C)	C/ (0.2258, 0.3598)	Eu	0.13	0.020	11143
(1)⊃Eu(D)	D/ (0.2698, 0.3565)	Eu	0.51	0.070	8514
(1)⊃Eu(E)	E /(0.3578, 0.3510)	Eu	1.12	0.150	4529
(1)⊃Eu(F)	F /(0.4351, 0.3462)	Eu	1.49	0.200	2476
(1)(A')	A /(0.2055, 0.3613)	Tb	0.01	0.001	12521
(1)⊃Tb(G)	G /(0.2159, 0.3795)	Tb	0.14	0.020	11014
(1)⊃Tb(H)	H/ (0.2280, 0.4000)	Tb	0.37	0.050	9744
(1)⊃Tb(I)	I /(0.2421, 0.4236)	Tb	0.73	0.100	8646
(1)⊃Tb(J)	J /(0.2582, 0.4508)	Tb	1.15	0.150	7714
(1)⊃Tb(K)	K /(0.2996, 0.5208)	Tb	2.36	0.300	6212
(1)⊃Eu(L)	L/ (0.3278, 0.3529)	Eu	0.84	0.117	5689

　　如图 2.18 所示，在引入稀土金属离子的反应前，初始样品即为化合物 (1) 的荧光发射如前所述。当 Eu^{3+} 的浓度略有增加时，Eu^{3+} 的特征峰开始显现，相对应的 CIE 坐标略有移动。当 Eu^{3+} 的浓度进一步增加时，其荧光发射谱图全部显

示出了 Eu^{3+} 的特征跃迁峰 $^5D_0 \rightarrow {}^7F_J$（$J=0 \sim 4$）：590nm 的峰为 $^5D_0 \rightarrow {}^7F_1$ 的跃迁，即磁耦合跃迁，618nm 的峰为 $^5D_0 \rightarrow {}^7F_2$ 的跃迁，即电耦合跃迁，以及 650nm 和 695nm 的峰分别归属于 $^5D_0 \rightarrow {}^7F_3$ 和 $^5D_0 \rightarrow {}^7F_4$ 电耦合跃迁。

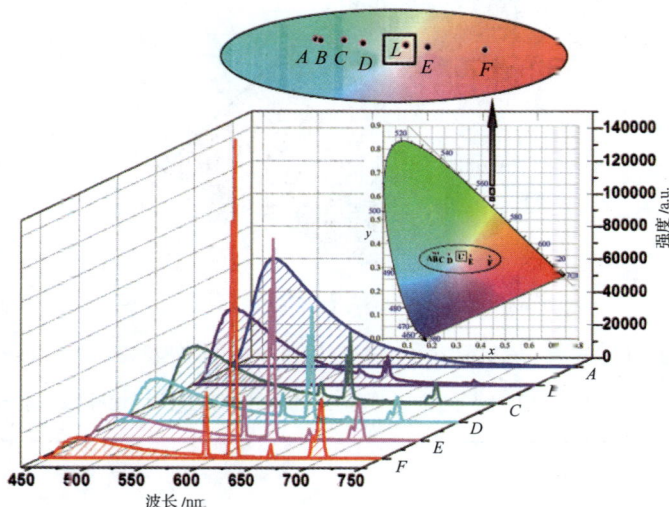

图 2.18　掺杂不同浓度的 Eu^{3+} 的金属—有机配位化合物(1)的发射光谱图和色度图

有趣的是，当 Eu^{3+} 的浓度增加量达到 1.12％时，所对应的 CIE 坐标由点 B 到点 F，从蓝光区移动到了红光区。化合物主体框架的荧光发射峰随着稀土离子浓度的增加而逐渐降低。同时，引入稀土金属离子 Tb^{3+} 的类似实验在同样条件下进行。如图 2.19 所示，当向化合物体系引入 Tb^{3+} 时，由点 G 到点 K，随着绿色荧光发射的 Tb^{3+} 的浓度逐渐增加，体系荧光发射在 488nm、545nm、586nm 和 622nm 处显示了越来越强的 Tb^{3+} 的特征峰，对应于 $^5D_4 \rightarrow {}^7F_J$（$J=6 \sim 3$）的跃迁。

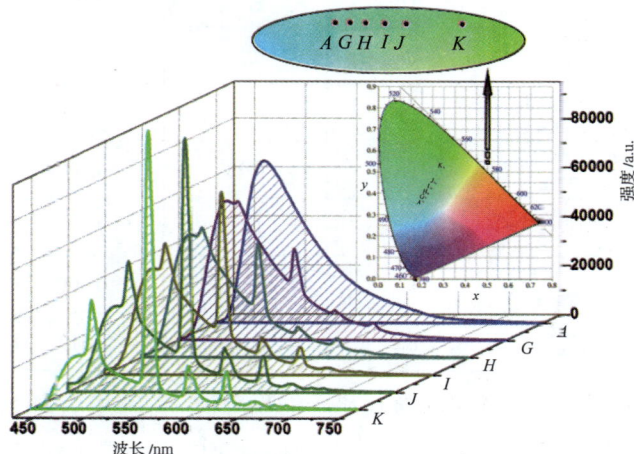

图 2.19　掺杂不同浓度的 Tb^{3+} 的金属—有机配位化合物(1)的发射光谱图和色度图

化合物 (1)、(1) ⊃ Eu 和 (1) ⊃ Tb 的室温粉末 X-射线衍射（PXR）分析如图 2.20 所示，对其进行对比可知，这些化合物的衍射峰与化合物 (1) 的单晶数据模拟的衍射峰基本一致，说明引入稀土离子后化合物的主体结构没有发生明显改变。

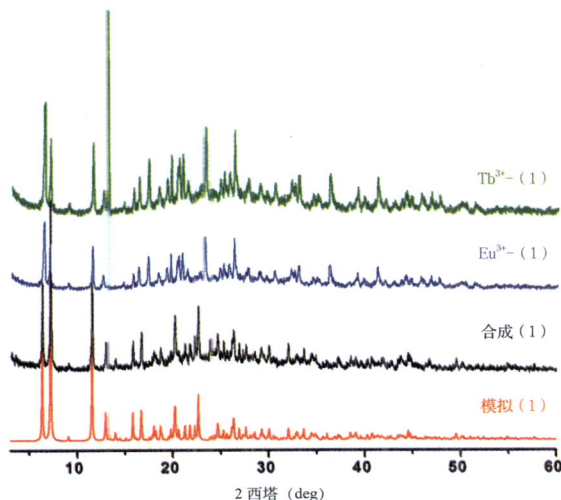

图 2.20　掺杂 Eu^{3+} 和 Tb^{3+} 的金属—有机配位化合物 (1) 的 XRPD 图

Tb^{3+} 和 Eu^{3+} 由于电荷数相同、原子半径相似，且均具有荧光特性，经常在荧光 MOCPs 的合成中被同时引入。对于蓝色发光的 MOCPs 来说，引入 Tb^{3+} 和 Eu^{3+}，从而根据三原色原理来实现白光发射研究，已经成为一种传统的方式来进行荧光金属有机配位聚合物的白光调控。然而，在实验操作过程中，Tb^{3+} 和 Eu^{3+} 的摩尔比常常难以控制，因为很多化合物内部的 Tb^{3+} 和 Eu^{3+} 之间存在能量交换，给基于三原色原理来进行化合物的荧光颜色调控带来困难。

在这里，为了更方便、高效地调控荧光发射，我们通过一系列实验，探索研究如何减少在利用蓝光发射的化合物 (1) 获得白色发光材料的过程中所参与的稀土离子数量，从而减少所需调控的变量参数，即通过只引入一种稀土离子，实现原蓝光发射的化合物的白光发射调控。这在这个体系中可能成为一种可行的路线，如图 2.18 和图 2.19 中的 CIE 图所示，在 (1) ⊃ Eu 和 (1) ⊃ Tb 的荧光调控过程中，利用 Tb^{3+} 离子浓度的变化所调制的化合物相对应的荧光发射，移动轨迹几乎是直线，荧光发射颜色从蓝色区域逐步移动到绿色区域，其移动轨迹没有覆盖白光区域。有趣的是，利用 Tb^{3+} 浓度的变化进行荧光调控的过程中，(1) ⊃ Eu 相对应的各荧光发射所对应的 CIE 坐标，其轨迹从蓝色区域逐步移动到了红色区域，并穿过了白色区域。这个实验结果清晰地显示了标题化合物的白光发射可以通过只引入一种稀土离子 Eu^{3+} 在合适的浓度下获得。

同时，大量实验证实，如同预期，调整 Tb^{3+} 的浓度无法实现化合物的白光发射。然而，通过仔细控制 Eu^{3+} 的引入量，在实验前期工作摸索条件的基础上，最终在 CIE 图中所获得的区域范围内，明确了实现化合物白光发射所需引入的 Eu^{3+} 的合适浓度值，并获得了白光发射材料（图 2.21）。其 CIE 坐标为点 L（0.3301，0.3523），接近于国际标准白光坐标（0.333，0.333）。

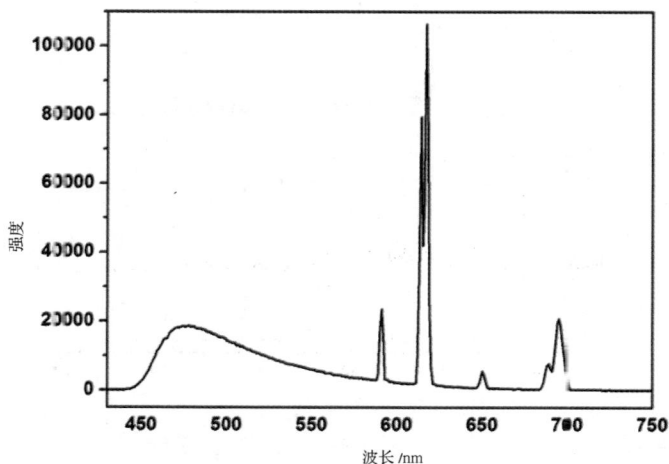

图 2.21　掺杂 Eu^{3+} 的金属—有机配位化合物 (1) 白光发射图

以廉价的碱土金属为基质，对其进行稀土离子后合成，尤其是单稀土离子后合成，所需的稀土金属的量非常少，是拓展荧光金属有机配位聚合物荧光调控方法的一种有效途径，不仅可以缩短所需白光发射的调控过程，还能够减少稀土金属的使用量，从而节约荧光材料的总体成本。

2.5　化合物 (1) 和 (2) 对金属离子的荧光传感研究

化合物 (1) 和 (2) 的重要结构特征是在其晶体孔道内部的路易斯碱活性位点，这可以使它们与外部进入的路易斯酸如金属离子相互作用，可能导致化合物的荧光性质发生变化，从而用于金属离子的荧光传感识别。如前所述，将化合物 (1) 分别浸入 1×10^{-2} $mol \cdot L^{-1}$ 的 Sn^{2+}，Cu^{2+}，Co^{2+}，Mn^{2+}，Cr^{2+}，Ni^{2+}，Zn^{2+} 和 Pb^{2+} 的过渡金属盐溶液中，制备了化合物 (1) ⊃ M 和 (2) ⊃ M。所获得的各微晶固体颜色与其引入的金属离子的颜色相符。化合物 (1) 和 (1) ⊃ M 在可见光和紫外灯下的照片如图 2.22 所示，化合物 (2) 和 (2) ⊃ M 在可见光和紫外灯下的照片如图 2.23 所示，其粉末衍射对比如图 2.24 和图 2.25 所示。

图 2.22 掺杂不同种类金属离子的金属—有机配位化合物 (1) 在紫外光照射下的照片

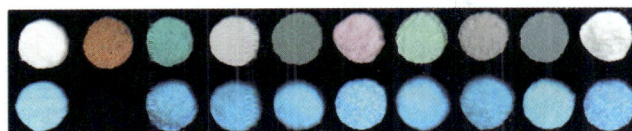

图 2.23 掺杂不同种类金属离子的金属—有机配位化合物 (2) 在紫外光照射下的照片

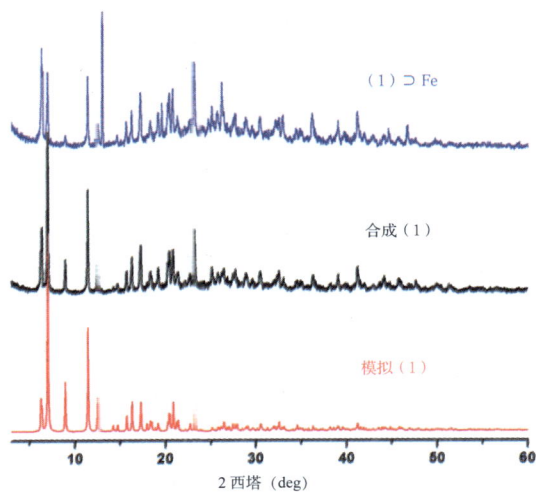

图 2.24 金属—有机配位化合物 (1)、掺杂 Fe^{3+} 的金属—有机配位化合物 (1) 和模拟 PXRD 对比图

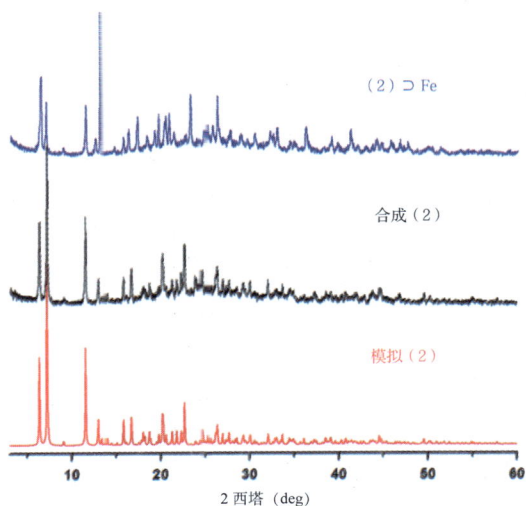

图 2.25 金属—有机配位化合物 (2)、掺杂 Fe^{3+} 的金属—有机配位化合物 (2) 和模拟 PXRD 对比图

71

　　根据荧光测试结果可知，当化合物(1)分别与不同浓度的 Sn^{2+}、Cu^{2+}、Co^{2+}、Mn^{2+}、Cr^{2+}、Ni^{2+}、Zn^{2+} 和 Pb^{2+} 相互作用后，所得络合物的荧光发射与原化合物(1)的荧光发射相比没有发生明显变化，如图 2.26 所示。

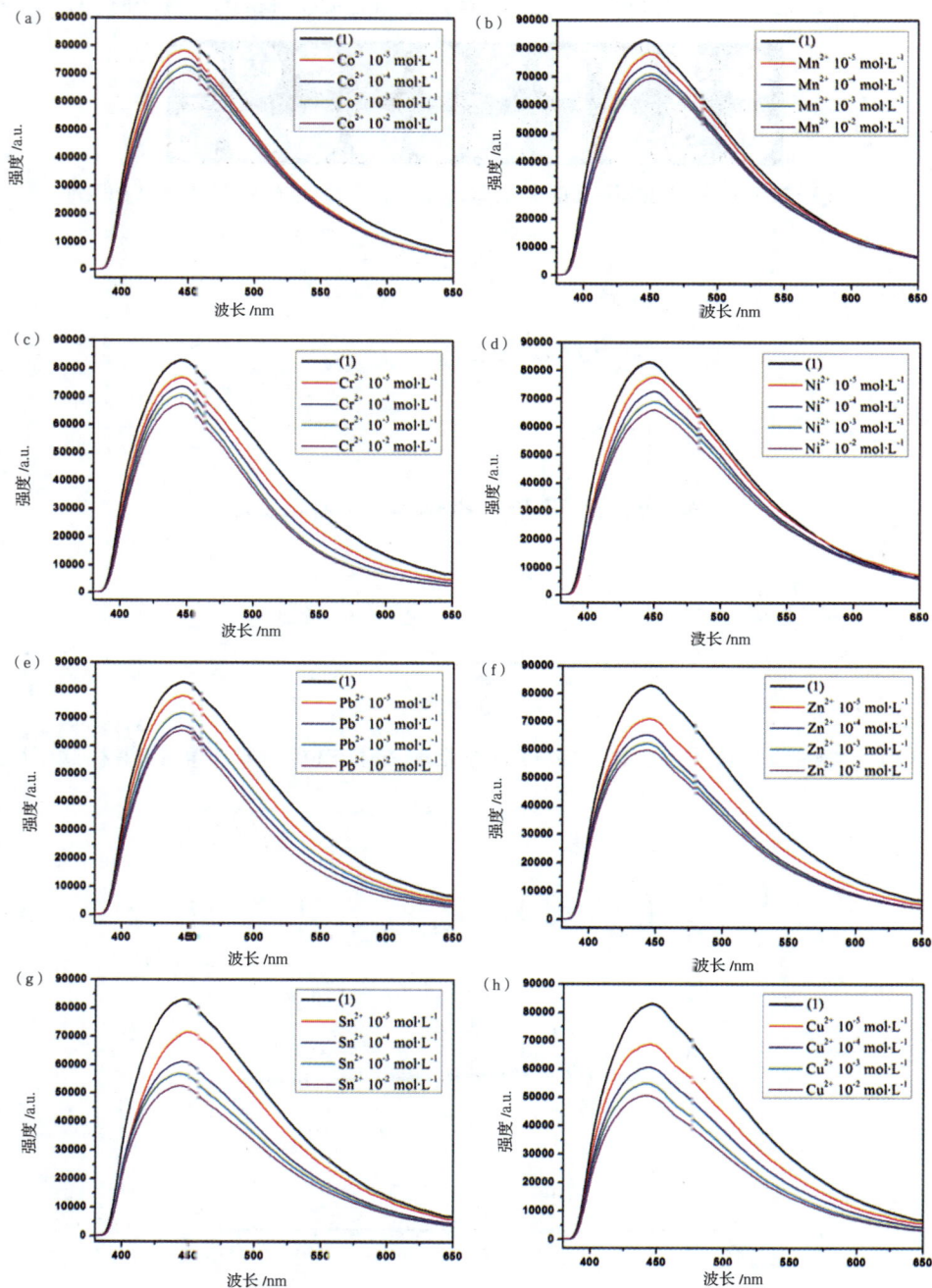

图 2.26　掺杂不同浓度金属离子的金属—有机配位化合物(1)的固体样品发射光谱(在 365 nm 处激发)

然而，当化合物 (1) 与 Fe^{3+} 相互作用后，(1) ⊃ Fe 的荧光强度几乎完全猝灭（猝灭约 98%），表明了化合物 (1) 荧光传感 Fe^{3+} 金属离子的性能，化合物 (1) 对各金属离子的荧光传感效果如图 2.27 所示。

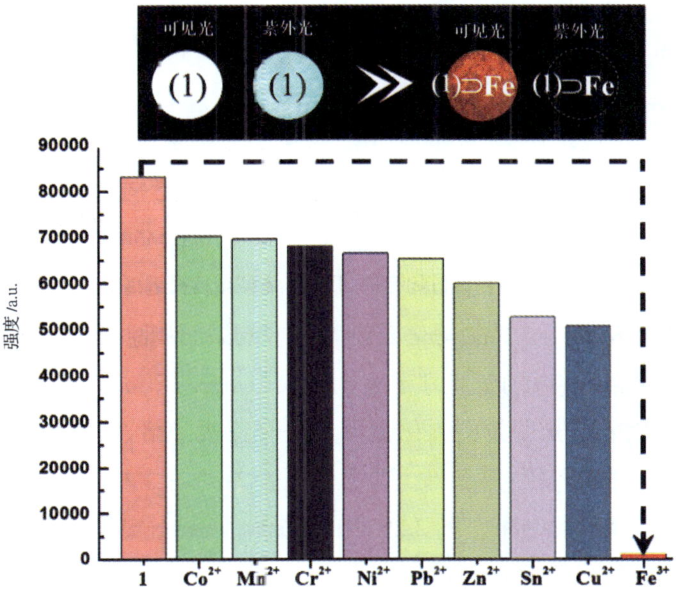

图 2.27　金属—有机配位化合物 (1) 与掺杂 Fe^{3+} 的金属—有机配位化合物 (1) 在可见光和紫外光照射下的照片

由于在自然界中普遍存在，同时作为工农业中必不可少的生产材料，金属离子 Fe^{3+} 经常成为产品中的污染物。人体内过量的铁元素可以引起细胞成分的损失，导致组织炎症和多器官的纤维化。Fe^{3+} 还是一些自由基反应的催化剂，其引起的过氧化作用可以使细胞膜脂质和细胞内化合物交联反应，致使细胞老化或死亡，从而引发各类疾病。因此，对 Fe^{3+} 的检测研究已成为一个有吸引力的研究课题[57-58]。对专一选择性地识别 Fe^{3+} 金属离子的研究非常必要。

如图 2.28 所示，化合物 (1) 和 (2) 对 Fe^{3+} 荧光传感的变化过程表明，调控 Fe^{3+} 的浓度可以使化合物的荧光发射强度随着 Fe^{3+} 浓度的增加而逐步降低。当 Fe^{3+} 浓度达到 1×10^{-6} mol·L^{-1} 时，化合物的荧光强度略有降低，表明化合物对 Fe^{3+} 灵敏的荧光响应。随着 Fe^{3+} 浓度进一步增加，化合物的荧光强度逐步降低，当 Fe^{3+} 的浓度达到 1×10^{-2} mol·L^{-1} 时，化合物的荧光强度达到最低值，预示着化合物分子与 Fe^{3+} 相互作用形成的络合物达到了等当量点，荧光猝灭了约 98%。

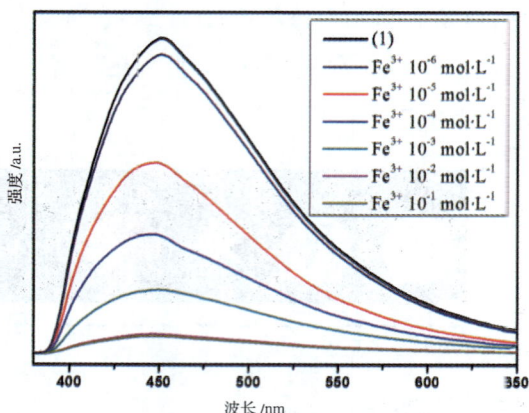

图 2.28　掺杂 Fe^{3+} 的金属—有机配位化合物 (1) 浸入不同浓度乙醇后的固体样品的发射光谱图

　　进一步研究表明，当 Fe^{3+} 与化合物 (1) 的摩尔比达到 4：1，即达到络合物的等当量点时，化合物 (1) 的荧光几乎完全猝灭，进一步增加 Fe^{3+} 的浓度也不会引起络合物 (1) ⊃ Fe 荧光发射的变化。大量实验证明了络合物 (1) ⊃ Fe 用于荧光测试的灵敏性和可重复性。同时，利用化合物 (2) 进行了相司的对 Fe^{3+} 的荧光传感实验，取得了类似的结果（图 2.29 和图 2.30）。根据实验结果可以推测，Fe^{3+} 作为路易斯酸，与化合物 (1) 和 (2) 结构中的路易斯碱活性位点，包括 3 个来自三嗪基上的氮原子和 1 个来自未完全配位的羧基上的氧原子之间发生了强的相互作用，这种作用导致化合物荧光发射发生显著变化。

图 2.29 掺杂各种金属离子的金属—有机配位化合物（1）的固体样品的发射光谱图

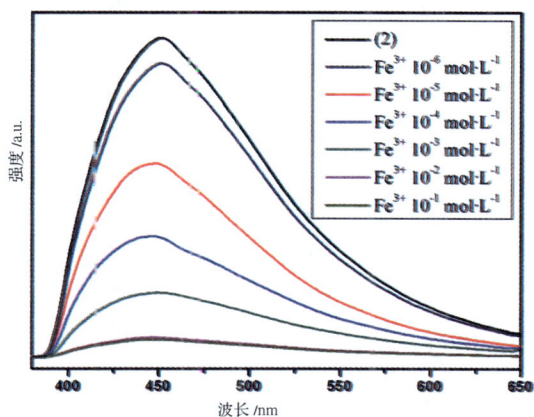

图 2.30 掺杂 Fe^{3+} 的金属—有机配位化合物（2）浸入不同浓度

乙醇后的固体样品的发射光谱图

为了深入探索荧光猝灭的机理，我们利用电喷雾离子化质谱（ESI—MS）对 Fe^{3+} 与活性位点之间的相互作用进行分析。在水溶液中进行了络合物（1）⊃ Fe（$Fe^{3+}=1\times10^{-3}\,mol\cdot L^{-1}$）的成分分析实验，并对结果进行了详尽的分析，如图 2.31 所示。正离子模式下信号 m/z 显示的 303.82、310.80 和 369.42 明确分别对应了片段 $[Sr(BTPCA)(H_2O)Fe_3Cl_5]^{3+}$、$[Sr(BTPCA)(H_2O)Fe]^{2+}$ 和 $[Sr(BTPCA)(H_2O)Fe_2Cl_3]^{2+}$，信号 463.21 对应于 H_4BTPCA^+。分析结果表明，Fe^{3+} 与来自三嗪基上

的 N 原子和来自未完全配位的羧基上的 O 原子间具有强的相互作用，模拟图如图 2.32 所示。

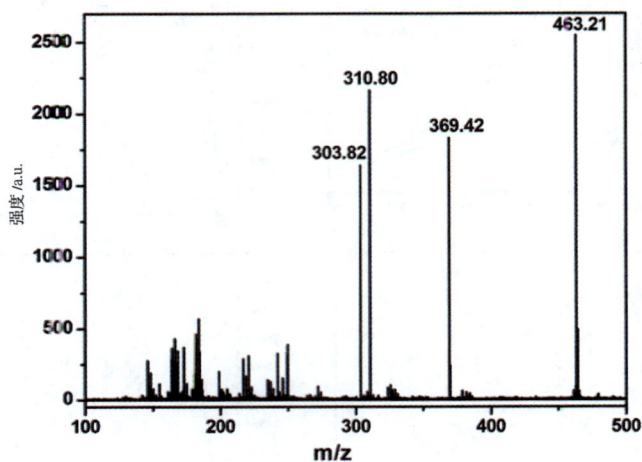

图 2.31　掺杂 Fe^{3+} 的金属—有机配位化合物 (1) 的质谱图

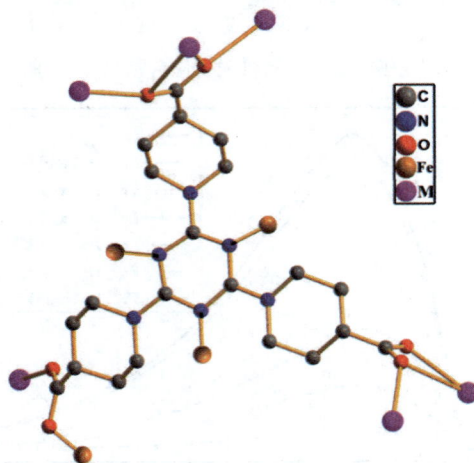

图 2.32　Fe^{3+} 与金属—有机配位化合物 (1) 主框架的活性位点作用示意图

　　为了研究路易斯碱活性位点与各过渡金属离子的相互作用，对配体、化合物 (1)、化合物 (2) 以及处理后的 M^{n+}-(1) 和 M^{n+}-(2) 晶态样品进行了漫反射紫外可见光谱分析。吸收峰位置和强度的变化暗示了各过渡金属离子（M=Co^{2+}、Cr^{3+}、Ni^{2+}、Fe^{3+} 和 Cu^{2-}）与活性位点的相互作用（图 2.33 ~ 图 2.35）。紫外可见吸收光谱数据表明 Fe^{3+}-(1) 和 Fe^{3+}-(2) 分别在分析物的紫外吸收最强（表 2.5）。荧光光谱分析显示，Fe^{3+}-(1) 和 Fe^{3+}-(2) 比其他 M^{n+}-(1) 和 M^{n+}-(2) 表现出了更显著的猝灭效果。通过对实验结果的分析总结可知，对于化合物 (1) 和 (2) 与各过渡金属离子相互作用后的分析物，其紫外吸收越高，对应分析物的荧光猝灭效应越强，这类结果与已报道的类似体系中的分析结果相符[59]。

图 2.33　配体、金属—有机配位化合物 (1) 和 (2) 的紫外—可见光谱图

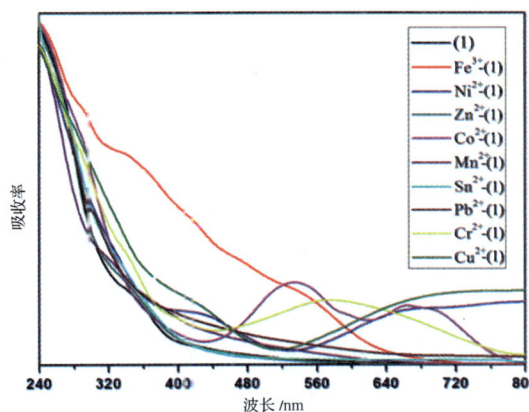

图 2.34　掺杂不同金属离子的金属—有机配位化合物 (1) 的紫外—可见光谱图

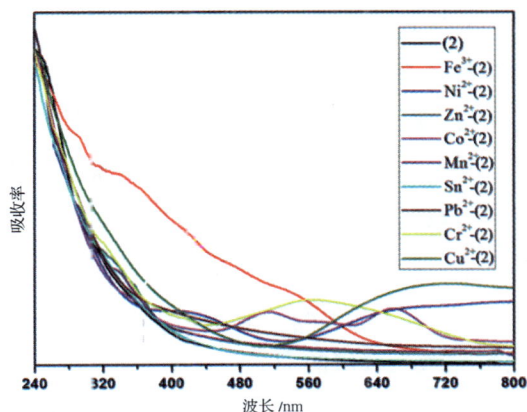

图 2.35　掺杂不同金属离子的金属—有机配位化合物 (2) 的紫外—可见光谱图

由图可见，可见区的吸收光谱清晰对应 $400 \sim 700nm$ Co^{2+}、Cr^{3+}、Ni^{2+}、Fe^{3+}

和 Cu^{2+} 等过渡金属离子的吸收带，归属于过渡金属离子的 d-d 跃迁。通过实验结果可以推测，过渡金属离子与化合物之间强烈的相互作用扰乱了荧光配体的电子结构，从而提高了从配体到 Fe^{3+} 的能量转移效率，最终导致了 (1) ⊃ Fe 的荧光猝灭。

表 2.5 在 365nm 处金属—有机配位化合物 (1)、掺杂金属离子的金属—有机配位化合物 (1)、金属—有机配位化合物 (2) 和掺杂金属离子的金属—有机配位化合物 (2) 的吸光度图

	(1)	(1)⊃Co	(1)⊃Mn	(1)⊃Cr	(1)⊃Ni	(1)⊃Fe	(1)⊃Cu	(1)⊃Zn	(1)⊃Pb	(1)⊃Sn
Abs	0.13979	0.14028	0.17775	0.18575	0.1722	0.47404	0.23865	0.16984	0.1735	0.15981
	(2)	(2)⊃Co	(2)⊃Mn	(2)⊃Cr	(2)⊃Ni	(2)⊃Fe	(2)⊃Cu	(2)⊃Zn	(2)⊃Pb	(2)⊃Sn
Abs	0.14807	0.15519	0.1677	0.18019	0.15209	0.47883	0.23238	0.1796	0.17371	0.15587

2.6 本章小结

本章中，选用 π 共轭的氮杂环配体 H_3BTPCA 和低溶解度的碱土金属碳酸盐，设计和合成了两个多孔、稳定、具有多个活性位点的 s-MOCPs：$Sr(H_3BTPCA)(H_2O)$ 和 $Ba(H_3BTPCA)(DMF)$。化合物 (1) 和 (2) 结构上的路易斯碱活性位点可以与外部的金属离子相互作用，因此产生的荧光变化被详细地研究。实验结果表明，与 Fe^{3+} 作用后的化合物的荧光强度几度完全猝灭，而带其他金属离子的荧光强度降低不明显，展示了两种化合物对 Fe^{3+} 特异选择的传感功能，可以作为潜在的荧光材料实现有前景的荧光传感 Fe^{3+} 的应用。

同时，这两种新颖的蓝光发射的 s-MOCPs 可以通过引入红光发射的稀土金属离子 Eu^{3+} 或绿光发射的稀土金属离子 Tb^{3+} 实现荧光颜色调控（图 2.36）。值得注意的是，在调控过程中可知，两种化合物的荧光颜色变化轨迹不同：引入稀土金属离子 Tb^{3+} 后，化合物的荧光发射从蓝光发射区直接移动到绿光发射区；而引入稀土金属离子 Eu^{3+} 后，化合物的荧光发射从蓝光发射到红光发射穿过了白光区。因此，进一步实验探究通过仅引入一种稀土金属离子 Eu^{3+} 实现了白光发射。

本章工作构筑的基于碱土金属的荧光金属有机配位聚合物为合理设计和合成新的荧光传感、白光发射等功能材料提供了有价值的参考信息，尽管 s-MOCPs 的研究和探索在很大程度上仍然是未知的，但其所具有的特殊的空间结构和有潜力的荧光性能已呈现于世，荧光配体与 S 区金属离子中心不同的配位模式产生

不同的荧光发射，与不同的金属离子作用产生不同的荧光发射变化。下一步工作将引入中性小型第二配体或异核金属来探索其荧光变化规律和优化荧光性质。当前工作选择性引入金属离子，合理地对金属离子浓度进行调控和对相关机理进行探讨，为基于 S 区金属离子的荧光功能 MOCPs 的研究和应用积累了经验，为可控合成具有应用潜能的 s-MOCPs 提供了新思路。

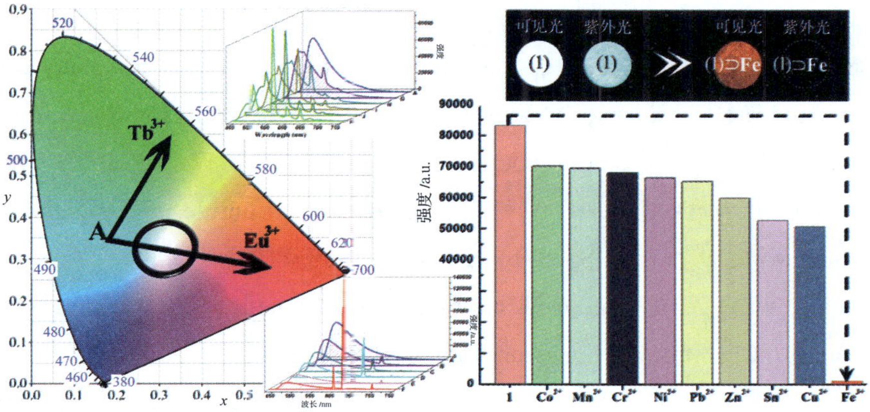

图 2.33　本章主要内容示意图

参考文献

[1] Suh M P, Park H J, Prasad T K, et al. Hydrogen storage in metal–organic frameworks [J]. Chem. Rev., 2011(112):782–835.

[2] Zheng Q, Yang F, Deng M, et al. A porous metal–organic framework constructed from carboxylate–pyrazolate shared heptanuclear zinc clusters:Synthesis, gas adsorption, and guest dependent luminescent properties [J].Inorg. Chem., 2013(52):10368–10374.

[3] Herm Z R, Wiers B M, Mason J A, et al. Separation of hexane isomers in a metal–organic framework with triangular channels [J].Science, 2013(340):960–964.

[4] Du D Y, Qin J S, Li S L, et al. Recent advances in porous polyoxometalate–based metal–organic framework materials [J]. Chem. Soc. Rev., 2014(43):4615–4632.

[5] Seo J S, Whang D, Lee H, et al. A homochiral metal–organic porous material for enantioselective separation and catalysis [J]. Nature, 2000(404):982–986.

[6] An J, Geib S J, Rosi N L. Cation–triggered drug release from a porous zinc–adeninate metal–organic framework [J]. J. Am. Chem. Soc., 2009(131):8376–8377.

[7] Horcajada P, Chalati T, Serre C, et al. Porous metal-organic-framework nanoscale carriers as a potential platform for drug delivery and imaging [J]. Nat. Mater., 2010(9):172-178.

[8] Wang C, Liu D, Lin W. Metal-organic frameworks as a tunable platform for designing functional molecular materials [J]. J. Am. Chem. Soc., 2013(135):13222-13234.

[9] Yang J, Yue Q, Li G D, et al. Structures, photoluminescence, up-conversion, and magnetism of the 2d and 3D rare-earth coordination polymers with multicarboxylate linkages [J]. Inorg. Chem., 2006(45):2857-2865.

[10] Allendorf M D, Bauer C A, Bhakta R K, et al. Luminescent metal-organic frameworks [J]. Chem. Soc. Rev., 2009(38):1330-1352.

[11] Hui J, Wang X. Luminescent, colloidal, f-substituted, hydroxyapatite nanocrystals [J]. Chemistry-A European Journal, 2011(17):6926-6930.

[12] Cui Y, Yue Y, Qian G, et al. Luminescent functional metal-organic frameworks [J]. Chem. Rev., 2011(112):1126-1162.

[13] Coronado E, Galan-Mascaros J R, Gomez-Garcia C J, et al. Coexistence of ferromagnetism and metallic conductivity in a molecule-based layered complex [J]. Nature, 2000(408):447-449.

[14] De Bettencourt-Dias A. Lanthanide-based emitting materials in light-emitting diodes [J]. Dalton Trans., 2007:2229-2241.

[15] Hu Z, Deibert B J, Li J. Luminescent metal-organic frameworks for chemical sensing and explosive detection [J]. Chem. Soc. Rev., 2014(43):5815-5840.

[16] An J, Shade C M, Chengelis-Czegan D A, et al. Zinc-adeninate metal-organic framework for aqueous encapsulation and sensitization of near-infrared and visible emitting lanthanide cations [J]. J. Am. Chem. Soc., 2011(9133):1220-1223.

[17] Li Y, Zhang S, Song D. A luminescent metal-organic framework as a turn-on sensor for DMF vapor [J]. Angew. Chem. Int. Ed., 2013(125):738-741.

[18] Liu C, Song X, Rao X, et al. Novel triphenylamine-based cyclometalated platinum(II) complexes for efficient luminescent oxygen sensing [J]. Dyes Pigm., 2014(101):85-92.

[19] Takashima Y, Martínez V M, Furukawa S, et al. Molecular decoding using luminescence from an entangled porous framework [J]. Nat. Commun.,

2011(2):168-169.

[20] Grey J K, Butler I S. Effects of high external pressures on the electronic spectra of coordination complexs [J]. Coord. Chem. Rev., 2001(219–221):713-759.

[21] Costa R D, Ortí E, Bolink H J, et al. Luminescent ionic transition-metal complexes for light-emitting electrochemical cells [J]. Angew. Chem. Int. Ed., 2012(51):8178-8211.

[22] Tang Q, Liu S, Liu Y, et al. Cation sensing by a luminescent metal–organic framework with multiple Lewis basic sites [J]. Inorg. Chem., 2013(52):2799-2801.

[23] Guo Y, Feng X, Han T, et al. Tuning the luminescence of metal–organic frameworks for detection of energetic heterocyclic complexes [J]. J. Am. Chem. Soc., 2014(136):15485-15488.

[24] Wu P, Wang J, Li Y, et al. Luminescent sensing and catalytic performances of a multifunctional lanthanide–organic framework comprising a triphenylamine moiety [J]. Adv. Funct. Mater., 2011(21):2788-2794.

[25] Bricks J L, Kovalchuk A, Trieflinger C, et al. On the development of sensor molecules that display Fe(III)-amplified fluorescence [J]. J. Am. Chem. Soc., 2005(127):13522-13529.

[26] Barja B C, Bari S E, Marchi M C, et al. Luminescent Eu(III) hybrid sensors for in situ copper detection [J]. Sens Actuators B, 2011(158):214-222.

[27] Yang J, Li J, Hao P, et al. Synthesis, optical properties of multi donor–acceptor substituted AIE pyridine derivatives dyes and application for Au(III) detection in aqueous solution [J]. Dyes Pigm., 2015(116):97-105.

[28] Lan A, Li K, Wu H, et al. A luminescent microporous metal–organic framework for the fast and reversible detection of high explosives [J]. Angew. Chem. Int. Ed., 2009(48):2334-2338.

[29] Shafeekh K M, Rahim M K A, Basheer M C, et al. Highly selective and sensitive colourimetric detection of Hg(II) ions by unsymmetrical squaraine dyes [J]. Dyes Pigm., 2013(96):714-721.

[30] Wang M-S, Guo S-P, Li Y, et al. A direct white-light-emitting metal–organic framework with tunable yellow-to-white photoluminescence by variation of excitation light [J]. J. Am. Chem. Soc., 2009(131):13572-13573.

[31] Sava D F, Rohwer L E S, Rodriguez M A, et al. Intrinsic broad-band white-light

emission by a tuned, corrugated metal–organic framework [J]. J. Am. Chem. Soc., 2012(134):3983–3986.

[32] Al–Rasbi N K, Adams H, Suliman F O. Synthesis, structure and tunable white–light emission of dinuclear Eu(III) schiff base complex [J]. Dyes Pigm., 2014(104):83–88.

[33] Dang S, Ma E, Sun Z–M, et al. A layer–structured Eu–MOFs as a highly selective fluorescent probe for Fe(III) detection through a cation–exchange approach [J]. J. Mater. Chem., 2012(22):16920–16926.

[34] Zheng M, Tan H, Xie Z, et al. Fast response and high sensitivity europium metal organic framework fluorescent probe with chelating terpyridine sites for Fe(III)[J]. ACS Appl. Mat. Interfaces., 2013(5):1078–1083.

[35] Qiu Y, Deng H, Mou J, et al. In situ tetrazole ligand synthesis leading to a microporous cadmium–organic framework for selective ion sensing [J]. Chem. Commun., 2009:5415–5417.

[36] Gardner G B, Venkataraman D, Moore J–S. Spontaneous assembly of a hinged coordination network [J]. Nature, 1995(374):792–795.

[37] Horike S, Kamitsubo Y, Inukai M, et al. Postsynthesis modification of a porous coordination polymer by LiCl to enhance H(I) transport [J]. J. Am. Chem. Soc., 2013(135):4612–4615.

[38] Karagiaridi O, Vermeulen N A, Klet R C, et al. Functionalized defects through solvent–assisted linker exchange:Synthesis, characterization, and partial postsynthesis elaboration of a metal–organic framework containing free carboxylic acid moieties [J]. Inorg. Chem., 2015(54):1785–1790.

[39] Chen B, Wang L, Xiao Y, et al. A luminescent metal–organic framework with lewis basic pyridyl sites for the sensing of metal ions [J]. Angew. Chem. Int. Ed., 2009(48):500–503.

[40] Gadipelli S, Guo Z. Postsynthesis annealing of MOFs–5 remarkably enhances the framework structural stability and CO_2 uptake [J]. Chem. Mater., 2014(26):6333–6338.

[41] Shultz A M, Sarjeant A A, Farha O K, et al. Post–synthesis modification of a metal–organic framework to form metallosalen–containing MOFs materials [J]. J. Am. Chem. Soc., 2011(133):13252–13255.

[42] Sun C-Y, Wang X-L, Zhang X, et al. Efficient and tunable white-light emission of metal-organic frameworks by iridium-complex encapsulation[J]. Nat. Commun., 2013:4-6.

[43] He H, Sun F, Borjigin T, et al. Tunable colors and white-light emission based on a microporous luminescent Zn(Ⅱ)-MOFs [J]. Dalton Trans.. 2014(43):3716-3721.

[44] Zhou Y, Yan B. Lanthanides post-functionalized nanocrystalline metal-organic frameworks for tunable white-light emission and orthogonal multi-readout thermometry [J]. Nanoscale, 2015(7):4063-4069.

[45] Hu Z, Deibert B J, Li J. Luminescent metal-organic frameworks for chemical sensing and explosive detection [J]. Chem. Soc. Rev., 2014(43):5815-5840.

[46] Ma M-L, Ji C, Zang S-Q. Syntheses, structures, tunable emission and white light emitting Eu(Ⅲ) and Tb(Ⅲ)doped lanthanide metal-organic framework materials [J]. Dalton Trans., 2013(42):10579-10586.

[47] Zhao X, He H, Hu T, et al. Interpenetrating polyhedral MOFs with a primitive cubic network based on supermolecular building blocks constructed of a semirigid C-3-symmetric carboxylate ligand [J]. Inorg. Chem., 2009(48):8057-8059.

[48] N F M Henry, K Lonsdale. International tables for X-ray crystallography[M]. Birmingham:Kynoch Press, 1952.

[49] Sheldrick. G M SHELXS-97:Programs for crystal structure solution[M]. Götingen:University of Götingen, 1997.

[50] Foo M L, Horike S, Inubushi Y, et al. An alkaline earth I^3O^0 porous coordination polymer:[Ba_2TMA(NC_3)(DMF)] [J]. Angew. Chem. Int. Ed., 2012(124):6211-6215.

[51] Maity T, Saha D, Das S, et al. Barium carboxylate metal-organic framework-synthesis, X-ray crystal structure, photoluminescence and catalytic study [J]. Eur. J. Inorg. Chem., 2012(2012):4914-4920.

[52] Platero-Prats A E, Iglesias M, Snejko N, et al. From coordinatively weak ability of constituents to very stable alkaline-earth sulfonate metal-organic frameworks [J]. Crystal Growth & Design, 2011(11):1750-1758.

[53] Yang L-M, Vajeeston P, Ravindran P, et al. Revisiting isoreticular MOFs of alkaline earth metals:A comprehensive study on phase stability, electronic structure, chemical bonding, and optical properties of A-IRMOFs-1(A = Be, Mg, Ca, Sr, Ba)[J]. PCCP, 2011(13):10191-10203.

[54] Spek A L. PLATON, A multipurpose crystallographic tool[M]. Utrecht University, 2001.

[55] Robin A Y, Fromm K M. Coordination polymer networks with O-and N-donors:What they are, why and how they are made[J]. Coord. Chem. Rev., 2006(250):2127-2157.

[56] Zhu Z B, Wan W, Deng Z P, et al. Structure modulations in luminescent alkaline earth metal-sulfonate complexes constructed from dihydroxyl-1,5-benzenedisulfonic acid:Influences of metal cations, coordination modes and pH value[J]. Cryst Eng Comm, 2012,14(20):6675-6688.

[57] Tandy S, Bossart K, Mueller R, et al. Extraction of heavy metals from soils using biodegradable chelating agents[J]. Environmental Science & Technology, 2004(38):937-944.

[58] Chen Z, Sun Y, Zhang L, et al. A tubular europium-organic framework exhibiting selective sensing of Fe(Ⅲ) and Al(Ⅲ) over mixed metal ions[J]. Chem. Commun., 2013(49):11557-11559.

[59] Tang Q, Liu S, Liu Y, et al. Cation sensing by a luminescent metal-organic framework with multiple lewis basic sites[J]. Inorg. Chem., 2013(52):2799-2801.

第三章 柔性配体构筑的 s-MOCPs 的合成、结构及荧光性能研究

随着工业的不断发展，全球环境污染日益严重。美国国家航空航天局对外界公布的卫星监测结果显示，全球空气污染问题十分严峻，人类每天呼吸的空气质量需要得到更多的关注[1-3]。一般情况下，人们往往更注意防范一些有毒气体造成的急性中毒、致死事故，而忽视了环境中微量存在的有机挥发性气体（VOC）带来的危害[4-7]。例如气态的胺类包括甲胺（MMA）、二甲胺（TMA）和三甲胺（DMA），它们即使浓度很低，也会对人体健康造成巨大而长期的损害[8-9]。例如，在卷烟抽吸过程中，生物碱的热裂解会生成甲胺，腐坏的海鲜和其他食物在微生物和酶的作用下，经厌氧菌分解能够释放二甲胺和三甲胺[10-11]。这些有毒的胺类气体能够经由皮肤、眼、呼吸道、消化道等途径侵入人和动物体内，长期吸入可能引起咽喉炎、支气管炎、肺水肿，甚至癌变等[12]。

在最近几年里，在废水、工业监控和食品安全检查中发现 VOC 和其他有毒气体的含量逐渐增多，所以对这类物质的检测更加引人重视[13-15]。对一些区域如工厂、工业区及附近生活区等场所的空气中的胺类气体分子进行检测和监控意义重大。

目前环境空气中有机胺类气体分子的检测方法主要有感官分析法、滴定法、分光光度法、色谱法、电子鼻技术和生物方法等[16-24]。总体来看，这些方法普遍存在检验成本高、周期长、样品采集难、操作复杂等不足。事实上，在气体探测体系中，利用特异识别性的荧光传感材料进行检测，具有灵敏度高、成本低、操作方便、选择性好、非破坏性等优点[25-26]。一些荧光传感材料作为指示探针甚至可以直接应用于原位气体荧光探测，包括在较恶劣的条件下。目前，荧光传

感功能材料已经成为化学、环境、生物、材料等领域的热门研究课题，广泛地引起了研究者们的兴趣[27-31]。

其中，具有荧光性质的金属有机配位聚合物（MOCPs）晶态材料在金属离子探针、有机溶剂传感、荧光指示剂、pH 检测、温度传感、细胞染色等方面取得了令人瞩目的成果[32-36]。

事实上，晶态的 MOCPs 作为荧光传感材料，具有诸多优点：

（1）金属离子的引入，可以使荧光团发生配体与金属离子之间的能量转移，从而改善配体的发光性能。

（2）MOCPs 具有网络的刚性结构，可以使分子的辐射跃迁概率大大增加。

（3）MOCPs 的荧光性能可通过采用适当的手段对最终金属有机晶态网络的合成进行调控，从而获得调整后所需的荧光性能。

（4）MOCPs 比有机荧光配体具有更高的稳定性，这为其作为光功能性材料的应用提供了保证。

另外，优良的荧光探测材料传感效率很高，因为它可以与分析物发生化学作用。因此，内部具有活性位点的 MOCPs 成为荧光传感材料有潜力的候选，吸引了包括我们课题组在内的越来越多的研究者的关注[37-41]。

荧光 MOCPs 由金属中心离子和有机配体发色团构成，而后者多为具有大共轭体系的刚性平面分子。理论上，荧光团共轭程度越强，其离域电子从 HOMO 轨道被激发到 LUMO 轨道越容易，相应地，分子的荧光也就越容易产生。因此，大多数文献报道 MOCPs 的荧光性质均基于配体为大共轭体系的刚性平面分子[42-45]。然而，对于相对柔性的荧光发色团配体来说，尽管其本身荧光强度较弱，但若与被检测目标分子相互作用时荧光强度可以显著增强，就会产生更明显的点亮效果。此外，很多柔性有机分子内部的共价键可以自由转动，一旦其被固定住，分子的刚性必然显著增强[46-47]。荧光团刚性的增强将有助于减少配体在激发态的能量辐射衰减所产生的损失，必然会导致其荧光发射位置发生较大变化，从而可能引起荧光颜色的显著变化[48-51,53]。

目前，研究报告中的大多数 MOCPs 参与荧光传感应用均是通过荧光猝灭或增强来实现，而关于荧光颜色变化进行传感的技术发展比较缓慢。MOCPs 领域的一个主要科学挑战，是利用可直接与外部客体分子接近的作用点来使其性能最大化，所以具有活性位点特征的 MOCPs 更适宜用来进行选择性传感目标分析。S 区碱土金属离子配位能力弱，在与配体配位时可能保留更多的配位点作为所合成 s-MOCPs 的活性位点。在 s-MOCPs 的发展初期，人们在利用羧酸盐制备碱土金属氧化物时，发现目标产物中常常混有碱土金属羧酸盐，对其进行分析后发现这些副产物呈现出有趣的光学、催化和生物性能。随着配位化学的不断丰富和发展，S 区金属离子与羧酸配体形成的 s-MOCPs 不断涌现，研究发现，羧基配体与 S 区金属离子更具有配位优势[54-58]。

　　基于以上考虑，本章在课题组基于荧光 MOCPs 方面的研究工作基础上，选用弱的黄绿荧光发射的柔性配体 H$_4$ABTC（3,3',5,5',-偶氮苯四甲酸），与配位能力较弱的 S 区碱土金属离子 Sr^{2+} 合成带有活性位点的 S 区金属有机配位聚合物（s-MOCPs），并利用其荧光变化特性，将其应用于甲胺类气体的荧光传感检测研究，如图 3.1 所示。

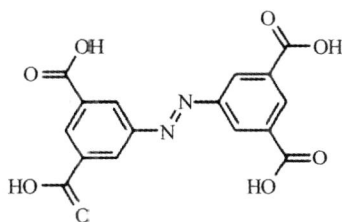

$$Sr(H_2ABTC)(DMF)(H_2O) \qquad\qquad (3)$$

图 3.1　H$_3$BTPCA 配体的结构图

3.1　化合物（3）的合成

　　配体 H$_4$ABTC 根据文献方法合成[52]：将 6.3g 5-硝基间苯二甲酸、3.9g 锌粉、2.4g 氢氧化钠溶于 150mL 乙醇溶液和 60mL 水中，在 88～92℃ 下搅拌 12 小时后，趁热过滤，将所得黑色固体溶于 150mL 的氢氧化钠溶液（1mol·L^{-1}）中，搅拌 10min 后，过滤，再用氯化氢溶液（3mol·L^{-1}）调 pH 至 2～3，用水洗涤、烘干，即得配体 H$_4$ABTC。将配体（0.036g，0.10mmol）、4,4-联吡啶（0.016g，0.1mmol）、硝酸锶（0.021g，0.10mmol）、DMF（10mL）、水（5mL）和三乙胺（0.1mL）在常温下混合后，加热至 50℃ 搅拌 60min，之后以 80% 的填充度将溶液转入 25mL 的聚四氟乙烯反应釜，在 120℃ 烘箱内加热 12 小时后，以每小时 5℃ 的速度降至 100℃，关闭烘箱冷却至室温。开釜后将所得固体超声洗涤、过滤、干燥后，可得到黄色块状晶体，产率为 89.6%（基于配体 H$_4$ABTC 的量计算）。元素分析（C$_{19}$N$_3$H$_{17}$O$_{10}$Sr）理论计算值：C，42.66%；H，3.20%；N，7.85%。实验值：C，42.52%；H，3.09%；N，7.98%。红外光谱（KBr 压片，cm^{-1}）：2816（s），2539（s），1682（s），1409（s），1273（s），1188（s），

921（s），757（s），660（s），475（s）。

3.2 X-射线衍射晶体学数据

选取一颗大小适度、形状规则、晶质良好的晶体，将其封装于毛细玻璃管，固定于X-射线衍射仪，入射光源为石墨单色化 M_o-$K_α$ 的射线，在低温下对合理的衍射点进行收集，并对所收集到的数据进行还原校正和吸收校正（Saint 和 Sadabs 程序包），对晶体的结构进行直接法解析。解析过程中综合运用 Wingx、Shelxl 97 程序包及 Olex 2，并用 Shelxl 97 程序包进行最小二乘法精修校正。

化合物 (3)：将尺寸为 0.24mm×0.28mm×0.21mm 的黄色块状单晶用凡士林包裹后，封装于毛细玻璃管。采用 Bruker Smart-CCD Ⅱ 衍射仪，M_o-$K_α$（$λ$=0.71073 Å），在 293（2）K 的温度下进行单晶衍射数据收集。hkl 值范围：$-19 \leqslant h \leqslant 19$，$-31 \leqslant k \leqslant 27$，$-5 \leqslant l \leqslant 9$，$θ$ 范围：$1.74° < θ < 25.50°$。

化合物 (3) 的实验条件、结构解析及其数据修正方法和晶体学数据[59-60] 列于表 3.1 中，化合物 (3) 的部分键长、键角列于表 3.2 和表 3.3 中。

表 3.1 金属—有机配位化合物 (3) 的晶体数据表

项目	数据
分子式	$C_{19}N_3O_{10}H_{17}Sr$
分子量（g·mol^{-1})	534.98
T (K)	293(2)
波长 (Å)	0.71073
晶体系	单斜晶系
空间群	P21/m
a (Å)	3.9753(6)
b (Å)	21.829(3)
c (Å)	11.7275(18)
$α$ (°)	90.00
$β$ (°)	94.069(3)

续表

项目	数据
γ (°)	90.00
V (Å^3)	1015.3(3)
Z	2
晶体密度 (g·cm^{-3})	1.608
μ (mm^{-1})	2.721
F(000)	540
范围 (°)	1.74–25.50
F^2 的拟合度	1.070
$R_1[I > 2\sigma(I)]$	0.0422
wR_2（所有数据）	0.1149

注：$R_1 = \Sigma||F_o|-|F_c||/\Sigma|F_o|$；

$wR_2 = \{\Sigma[w(F_o^2-F_c^2)^2]/\Sigma[w(F_o^2)^2]\}^{1/2}$。

表 3.2　金属—有机配位化合物（3）的键长表 ❶

键名	键长	键名	键长
Sr(1)—O(5)	2.460(6)	Sr(1)—O(1)#1	2.600(3)
Sr(1)—O(1)#2	2.600(3)	Sr(1)—O(2)#3	2.619(3)
Sr(1)—O(2)	2.619(3)	Sr(1)—O(1W)	2.628(5)
Sr(1)—O(1)#3	2.671(3)	Sr(1)—O(1)	2.671(3)

表 3.3　金属—有机配位化合物（3）的键角表 ❷

键名	键长	键名	键长
O(1)#2—Sr(1)—O(1)	97.93(9)	O(1)#1—Sr(1)—O(1)	153.49(13)
O(5)—Sr(1)—O(1)#1	76.68(15)	O(1)#1—Sr(1)—O(1)#2	77.14(13)
O(5)—Sr(1)—O(1)#2	76.68(15)	O(5)—Sr(1)—O(2)#3	110.83(8)
O(1)#1—Sr(1)—O(2)	145.87(9)	O(1)#2—Sr(1)—O(2)#3	145.87(9)

❶ 对称码：#1 x+1,−y+3/2,z; #2 x+1,y,z; #3 x,−y+3/2,z;#4 x−1,y,z; #5 −x,−y+2,−z+1。

❷ 同上。

续表

键名	键长	键名	键长
O(5)—Sr(1)—O(2)	110.83(8)	O(1)#1—Sr(1)—O(2)#3	72.74(9)
O(1)#1—Sr(1)—O(1W)	74.26(12)	O(5)—Sr(1)—O(1W)	142.6(2)
O(2)—Sr(1)—O(1)#3	116.18(9)	O(2)#3—Sr(1)—O(1)#3	49.19(9)
O(1)#2—Sr(1)—O(1)#3	153.49(13)	O(1)#1—Sr(1)—O(1)#3	97.93(9)
O(5)—Sr(1)—O(1)#3	76.84(15)	O(2)—Sr(1)—O(1W)	82.36(8)
O(2)#3—Sr(1)—O(1W)	82.36(8)	O(1)#2—Sr(1)—O(1W)	74.26(12)
O(5)—Sr(1)—O(1)	76.84(15)	O(1W)—Sr(1)—O(1)#3	130.06(10)
O(2)—Sr(1)—O(1W)#4	65.23(7)	O(2)#3—Sr(1)—O(1W)#4	65.23(7)
O(1)—Sr(1)—O(1W)#4	64.93(9)	O(5)—Sr(1)—O(1W)#4	131.13(19)
O(1)#3—Sr(1)—O(1)	74.75(12)	O(1W)—Sr(1)—O(1)	130.06(10)
O(1W)—Sr(1)—O(1W)#4	86.29(14)	O(1)#2—Sr(1)—O(1W)#4	135.58(8)
O(2)—Sr(1)—O(1)	49.19(8)	O(2)#3—Sr(1)—O(1)	116.18(9)
O(1)#3—Sr(1)—O(1W)#4	64.94(9)	O(1)#1—Sr(1)—O(1W)#4	135.58(8)

3.3　结构讨论及性质表征

单晶 X 射线衍射分析显示，低成本易合成的化合物（3）：$Sr(H_2ABTC)(DMF)(H_2O)$ 是单斜 $P2_1/m$ 空间群。如图 3.2（a）所示，化合物结构中所有的金属离子 Sr^{2+} 具有相同的配位环境，坐落于一个八配位中心，连接八个氧原子，其中一个来自配位水分子、一个来自配位 DMF 分子、六个来自四个不同的 H_4ABTC 配体的氧原子。两个配体与 Sr^{2+} 采用单齿配位模式，另外两个配体与 Sr^{2+} 采用双齿配位模式。Sr—O 键长在 2.4～2.6 Å 范围内，与先前基于 Sr^{2+} 的文献报道相符合[61-62]。

配体沿 c 轴聚集形成梯状分子构型，相邻的配体之间的距离是 3.98Å。对于每个配体，其所包含的四个羧基，其中两个对角的羧基分别与两个 Sr^{2+} 相连。有趣的是，另外两个对角的羧基可以随着偶氮基团的转动自由振动，如图 3.2（b）所示。相邻的振动羧基与配位水上的氢形成氢键网络，键长距离为 1.50Å、1.93Å 和 2.60Å，如图 3.2（c）所示。

化合物(3)的红外谱图如图3.3所示，在红外光谱图中，3425cm^{-1}处的伸缩振动峰归属于水分子的O—H伸缩振动。将化合物(3)的粉末衍射图与其单晶结构分析所对应的模拟图相对比（图3.4），二者在衍射峰数、角度位置、相对强度和峰形上没有出现明显区别，说明化合物(3)晶体产物是纯相的。

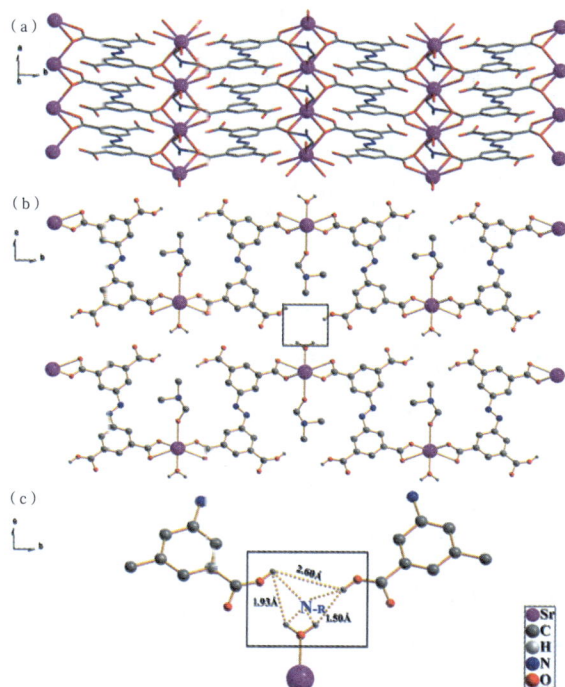

图3.2 (a)金属—有机配位聚合物的结构图；(b)金属—有机配位聚合物的金属中心配位图；(c)金属—有机配位聚合物与胺类气体的荧光猝灭作用机制模拟图

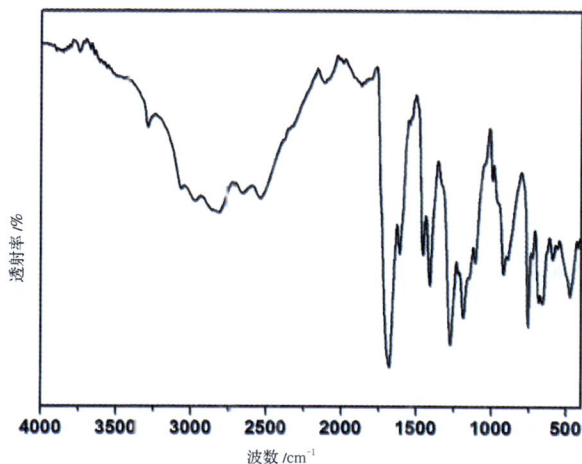

图3.3 金属—有机配位化合物(3)的红外谱图

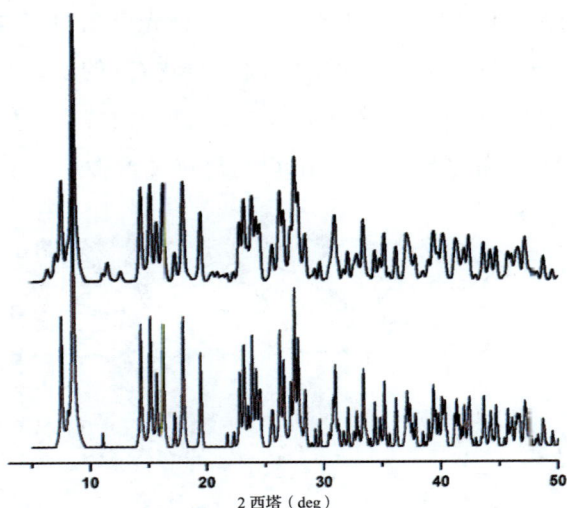

图3.4　金属—有机配位化合物(3)的XRD谱图及模拟对比图

通过化合物(3)的晶体数据可以看出，$Sr(H_2ABTC)(DMF)(H_2O)$的不对称单元包括一个晶体学独立的金属离子Sr^{2+}、一个ABTC离子、一个配位DMF分子和一个配位水分子。结合热重分析结果可知，所合成s-MOCPs化合物$Sr(H_2ABTC)(DMF)(H_2O)$呈现两步失重。从室温加热到130℃期间，化合物(3)是稳定的，这个温度稳定范围足以使其与外部分子充分接触或接受常温处理时保持结构稳定。接下来在130～300℃，其失去的17.32%的重量对应于配位的DMF分子和配位的水分子。随着进一步升温煅烧，化合物在300～600℃结构坍塌、分解，对应失重63.47%，最终，化合物剩余19.21%，对应于SrO，如图3.5所示。

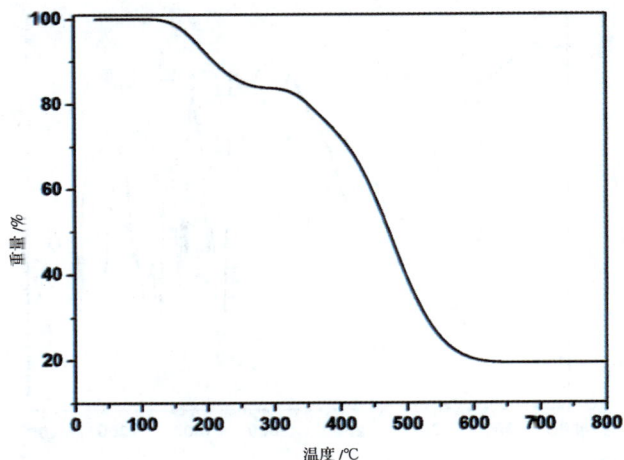

图3.5　金属—有机配位化合物(3)的热重图

固定发射波长，扫描荧光激发光谱；后设定激发波长 372nm 为最大激发波长，在 380～700nm 范围内扫描荧光发射光谱。实验测得配体 H_4ABTC 和化合物 (3) 在固态下荧光发射光谱如图 3.6 所示。

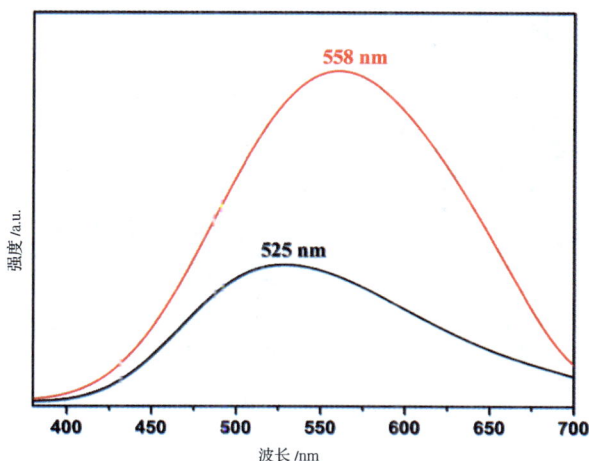

图 3.6　配体和金属—有机配位化合物 (3) 的荧光发射谱图

在室温下，配体具有较弱的荧光发射，最大发射峰位为 523nm（激发波长为 371nm）。它的单宽峰归因于配体内部 $\pi\cdots\pi^*$ 的电子跃迁。而化合物在 372nm 激发波长下于 558nm 处展现了较强的荧光发射，同时，荧光发射位置红移 34nm。

根据荧光发射坐标和强度计算结果，在 CIE 色度图中的坐标显示，配体的荧光颜色为浅绿色，而化合物 (3) 的荧光颜色为黄色。这种荧光强度和荧光位置的显著变化，是由于柔性的配体 H_4ABTC 在形成金属有机配位聚合物后结构被固化，使其刚性和稳定性显著增强，荧光团分子刚性的增强有助于降低发生在其内部的非辐射能量衰减，进而使其辐射跃迁概率提高[63]。

3.4　化合物（3）对有毒气体的荧光传感研究

考虑到当标题化合物 $Sr(H_2ABTC)(DMF)(H_2O)$ 被合适的客体分子影响时，其荧光颜色、荧光强度和荧光发射位置可能产生变化，我们利用其与对空气质量和人类健康具有潜在威胁的胺类气体作用，进行化合物 (3) 对胺类气体 MMA、DMA 和 TMA 的荧光传感实验。气体传感实验在一个自制的指示盒中进行，图 3.7 为荧光传感体系示意图。

为测定化合物 (3) 对各种气体的荧光传感性能，浓度分别为 100ppb、1ppm、10ppm 的常见气体 NO_2、SO_2、CO、O_2、H_2 和浓度分别为 1ppb、

10ppb、100ppb、1ppm、10ppm 的 MMA、DMA、TMA 气体被备于泰德拉袋中，它们在通过玻璃管进入指示盒之前被数字气体流量控制器监控。所有的气体用氮气稀释，并以 $600 \text{nL} \cdot \text{min}^{-1}$ 的速度进入自制指示盒。

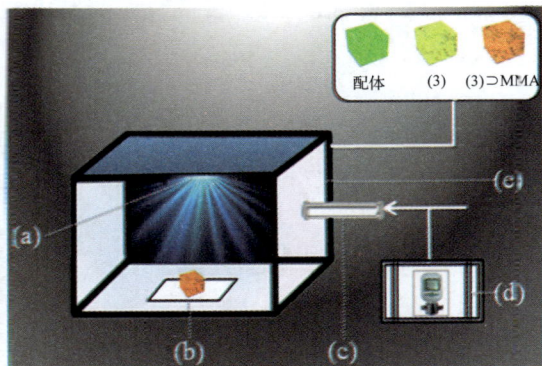

图 3.7　光学传感器系统示意图：(a) 光源；(b) 传感器；(c) 玻璃管；
(d) 数字质量流量控制器；(e) 指示盒

在封闭的指示盒中，1.20g 的化合物 (3) 固体样品被固定在一个方便取用的立方体表面，暴露于指示盒内的气体中。当气体在传感立方体周围充满后，化合物 (3) 固体样品被处理进行荧光测试。所有的荧光测试均在相同条件下进行。此外，当进行便捷荧光检测时，其他条件均不变，仅用一个便携的紫外灯作为光源。

化合物 (3) 分别与 NO_2、SO_2、CO、O_2、H_2、MMA、DMA 和 TMA 在空气中相互作用后进行荧光测试，所有的荧光测试都是在同样条件下进行的。实验详细步骤如上文实验部分所述。化合物 (3) 对三种胺类气体传感实验后，样品的荧光测试结果如图 3.8 和表 3.4 所示。

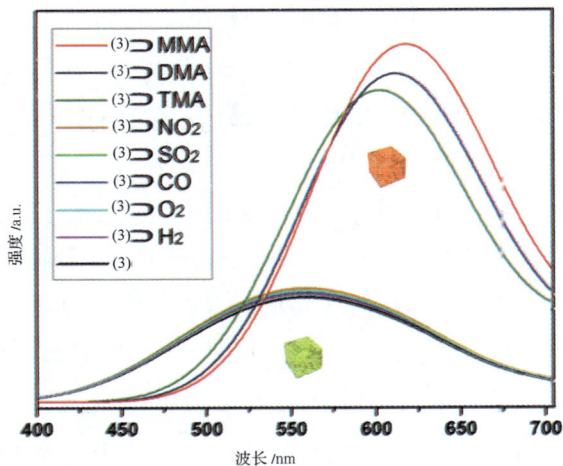

图 3.8　金属—有机配位化合物 (3) 和与胺类气体作用后的金属—有机配位化合物 (3) 的荧光发射光谱

表 3.4　金属—有机配位化合物 (3) 在色度图中的荧光发射位置、发射强度、色度坐标和荧光颜色图

分析物	荧光发射位置（nm）	荧光发射强度（倍）	色度坐标	荧光颜色
(3)	553	1.00	(0.393，0.462)	黄色
(3)⊃MMA	617	3.43	(0.552，0.437)	橙色
(3)⊃DMA	612	3.17	(0.549，0.441)	橙色
(3)⊃TMA	603	2.98	(0.537，0.450)	橙色
(3)⊃NO_2	558	1.02	(0.396，0.462)	黄色
(3)⊃SO_2	558	1.01	(0.394，0.462)	黄色
(3)⊃CO	558	1.01	(0.394，0.462)	黄色
(3)⊃O_2	558	1.00	(0.393，0.462)	黄色
(3)⊃H_2	558	1.00	(0.393，0.462)	黄色

当化合物 (3) 与浓度为 10ppm 的 NO_2、SO_2、CO、O_2、H_2 分别作用后，其荧光强度和发射位置均没有明显变化。然而，当化合物 (3) 与 10ppm 的 MMA、DMA、TMA 气体相互作用后，其荧光强度和发射位置都发生了显著变化：与 MMA、DMA、TMA 作用后的化合物 (3) 的发射位置分别红移到 617nm、612nm 和 603nm，发射强度分别增加到原发射强度的 3.43 倍、3.17 倍和 2.98 倍。同时，三个样品均产生戏剧性的荧光颜色变化，其荧光颜色从黄色变为橙红色。

配体 H_4ABTC、化合物 (3) 以及其与三种胺类气体 MMA、DMA、TMA 作用后的化合物 (3) 在可见光和紫外光下的照片如图 3.9（a）所示，各样品相应的由荧光发射波长和发射强度计算所得的色度图坐标如图 3.9（b）所示。

另外，我们研究了在空气各组分气体存在的条件下，化合物 (3) 对甲胺类气体的传感选择。将三种胺类气体 MMA、DMA 和 TMA 分别与 NO_2、SO_2、CO、O_2、H_2 以 1：1 体积比两两混合，形成的浓度为 10ppm 的混合气体在传感指示盒内与化合物 (3) 作用后，进行荧光测试。所有的荧光测试在同一条件下进行。

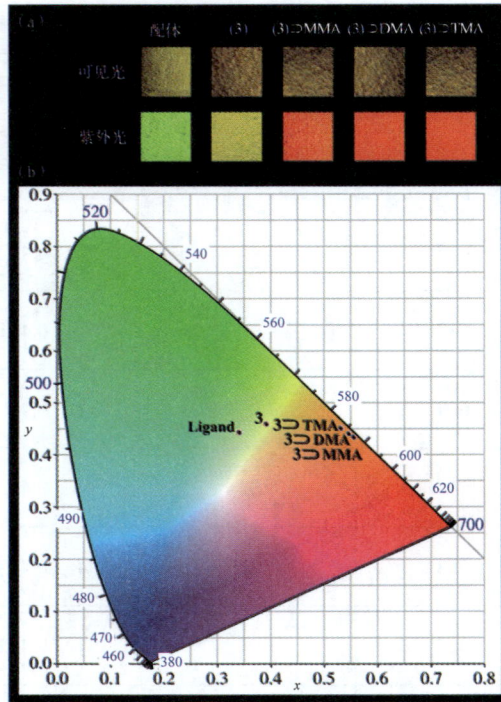

图 3.9 (a) 配体和与胺类气体作用后的金属—有机配位化合物 (3) 在可见光和紫外光下的照片；

(b) 色度图中配体和与胺类气体作用后的金属—有机配位化合物 (3) 的色度坐标图

如同预期，荧光测试实验结果显示，化合物 (3) 与各混合气体（MMA&NO$_2$、MMA&SO$_2$、MMA&CO、MMA&O$_2$、MMA&H$_2$、DMA&NO$_2$、DMA&SO$_2$、DMA&CO、DMA&O$_2$、DMA&H$_2$、TMA&NO$_2$、TMA&SO$_2$、TMA&CO、TMA&O$_2$、TMA&H$_2$）作用后的荧光发射位置和强度和与单独与各胺类气体作用后的荧光发射相同。也就是说，空气中的常见气体不干扰化合物与胺类气体作用后的荧光发射（图 3.10，表 3.5）。重复实验得到了相同的结果，说明化合物识别胺类气体不受其他常见气体干扰。

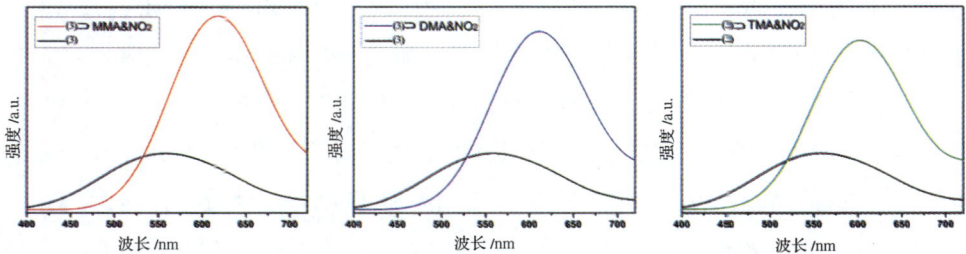

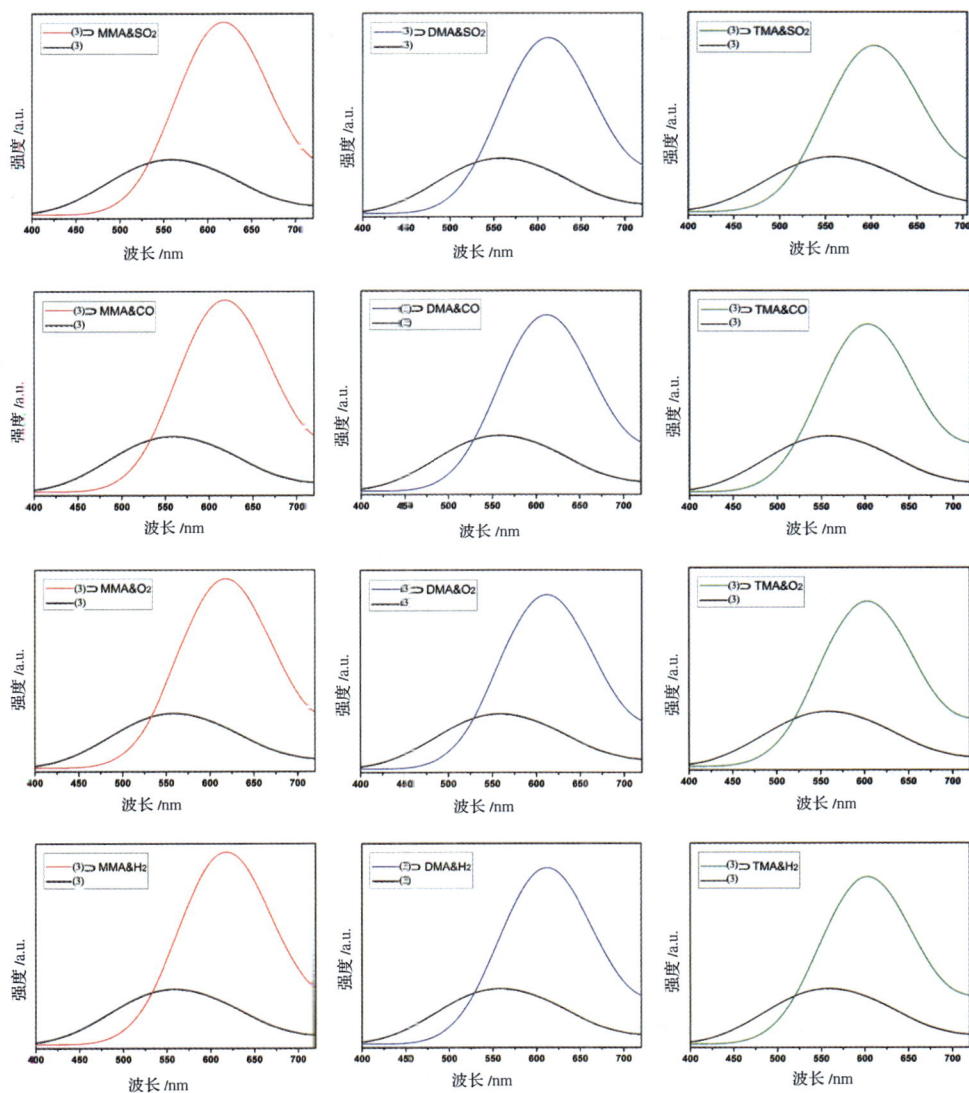

图 3.10　金属—有机配位化合物 (3) 与不同浓度的混合气体作用后的荧光响应变化图

表 3.5　金属—有机配位化合物 (3) 与浓度为 10 ppm 的混合气体作用后的荧光发射位置、发射强度、

色度坐标和荧光颜色变化图

分析物	荧光发射位置（nm）	荧光发射强度（倍）	色度坐标	荧光颜色
(3)⊃MMA&NO₂	617	3.43	（0.552，0.437）	橙色
(3)⊃DMA&NO₂	612	3.17	（0.549，0.441）	橙色

分析物	荧光发射位置（nm）	荧光发射强度（倍）	色度坐标	荧光颜色
(3)⊃TMA&NO$_2$	603	2.98	(0.537　0.450)	橙色
(3)⊃MMA&SO$_2$	617	3.43	(0.552　0.437)	橙色
(3)⊃DMA&SO$_2$	612	3.17	(0.549，0.441)	橙色
(3)⊃TMA&SO$_2$	603	2.98	(0.537，0.450)	橙色
(3)⊃MMA&CO	617	3.43	(0.552，0.437)	橙色
(3)⊃DMA&CO	612	3.17	(0.549，0.441)	橙色
(3)⊃TMA&CO	603	2.98	(0.537，0.450)	橙色
(3)⊃MMA&O$_2$	617	3.43	(0.552，0.437)	橙色
(3)⊃DMA&O$_2$	612	3.17	(0.549，0.441)	橙色
(3)⊃TMA&O$_2$	603	2.98	(0.537，0.450)	橙色
(3)⊃MMA&H$_2$	617	3.43	(0.552，0.437)	橙色
(3)⊃DMA&H$_2$	612	3.17	(0.549，0.441)	橙色
(3)⊃TMA&H$_2$	603	2.98	(0.537，0.450)	橙色

　　进一步研究本传感体系中气体浓度对传感效果的影响，MMA 气体的浓度被调制为 1ppb、10ppb、100ppb、1ppm 和 10ppm，并被导入指示盒。化合物 (3) 各样品与以上气体相互作用后被进行荧光测试实验。荧光测试均在相同条件下操作。实验结果表明，化合物的荧光强度和发射位置具有胺类气体浓度依赖性。

　　以 MMA 为例，如图 3.11 所示，在微量 MMA 气体存在下，化合物 (3) 的荧光强度和发射位置保持不变；当 MMA 气体浓度增加到 10ppb 时，样品的荧光强度略有增强（1.07 倍），荧光发射位置稍有变化（563nm）；之后随着浓度增加到 100ppb，样品的荧光强度增强（2.23 倍），荧光发射位置有明显红移（595nm）；当 MMA 的浓度进一步增加到 1ppm 时，样品的荧光发射达到最大值，荧光强度增加到原来的 3.43 倍，发射位置变为 617nm；接下来，随着 MMA 气体浓度的增加，样品的荧光发射位置和荧光强度均不再发生明显变化。当利用 DMA 和 TMA 气体进行相同实验时，所得到的实验结果与 MMA 气体时相似，如图 3.12 和图 3.13，以及表 3.6 所示。

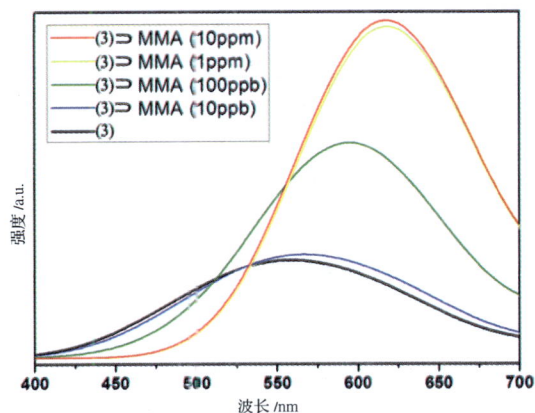

图 3.11　金属—有机配位化合物 (3) 与不同浓度甲胺气体作用后的荧光变化图

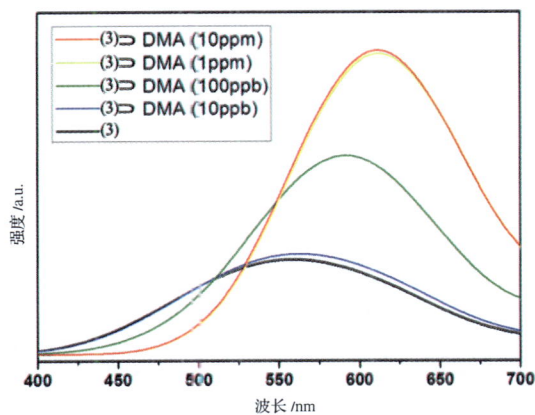

图 3.12　金属—有机配位化合物 (3) 与不同浓度二甲胺气体作用后的荧光变化图

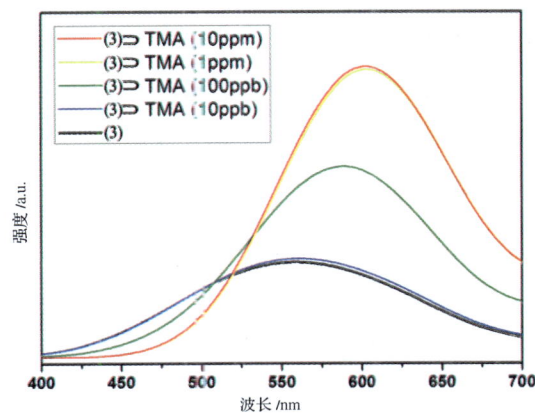

图 3.13　金属—有机配位化合物 (3) 与不同浓度三甲胺气体作用后的荧光变化图

表 3.6　金属—有机配位化合物 (3) 在不同浓度胺类气体作用后的荧光发射位置和发射强度变化图

气体浓度	(3) ⊃MMA		(3) ⊃DMA		(3) ⊃TMA	
	发射位置 (nm)	发射强度 （倍）	发射位置 (nm)	发射强度 （倍）	发射位置 (nm)	发射强度 （倍）
1ppb	558	1.00	558	1.00	558	1.00
10ppb	563	1.07	562	1.05	560	1.04
100ppb	595	2.21	590	2.06	588	1.99
1ppm	617	3.42	612	3.13	603	2.97
10ppm	618	3.46	612	3.16	604	2.98

　　化合物 (3) 在室温下对 MMA、DMA、TMA 气体灵敏的荧光发射强度和发射位置的变化暗示了其在室温下对胺类气体的检测限低于 10ppb，这使得化合物 (3) 与文献报道相比，成为有竞争力的胺类气体传感材料[64-69]。美国政府工业卫生学家会议（ACGIH）颁布的胺类有毒有害气体阈限值—时间加权平均浓度为 $12mg/m^3$（$0.012mg \cdot L^{-1}$）。因此化合物 (3) 在低于此浓度下的 10ppb 即 $0.010mg \cdot L^{-1}$ 时仍对胺类气体 MMA、DMA 和 TMA 有荧光响应，证明化合物 (3) 是有前途的特异识别胺类气体的 s-MOCPs 传感材料。

　　在这里有必要补充说明，理论上，其他物质可能干扰本研究中的传感实验结果。例如水分子，其在环境中普遍存在，最可能对实验产生干扰。事实上，利用浓度为 1ppm 的水蒸气冲洗化合物 (3) 后，对化合物进行荧光测试的实验结果表明，环境水的存在不会对不溶于水的化合物 (3) 对 MMA、DMA 和 TMA 气体的传感响应产生明显影响，如图 3.14 所示。本实验结果表明，化合物 (3) 可以在不需要控制环境湿度的情况下检测胺类气体。

　　在实际应用中，能够快速响应的传感材料具有实用价值。因此，我们通过大量实验研究了化合物 (3) 传感胺类气体 MMA、DMA、TMA 气体的响应时间。以化合物 (3) 传感 MMA 气体为例，通过化合物 (3) 在 1ppm 浓度下基于响应时间的荧光发射强度和发射位置变化来监测荧光传感指示盒的响应速度。

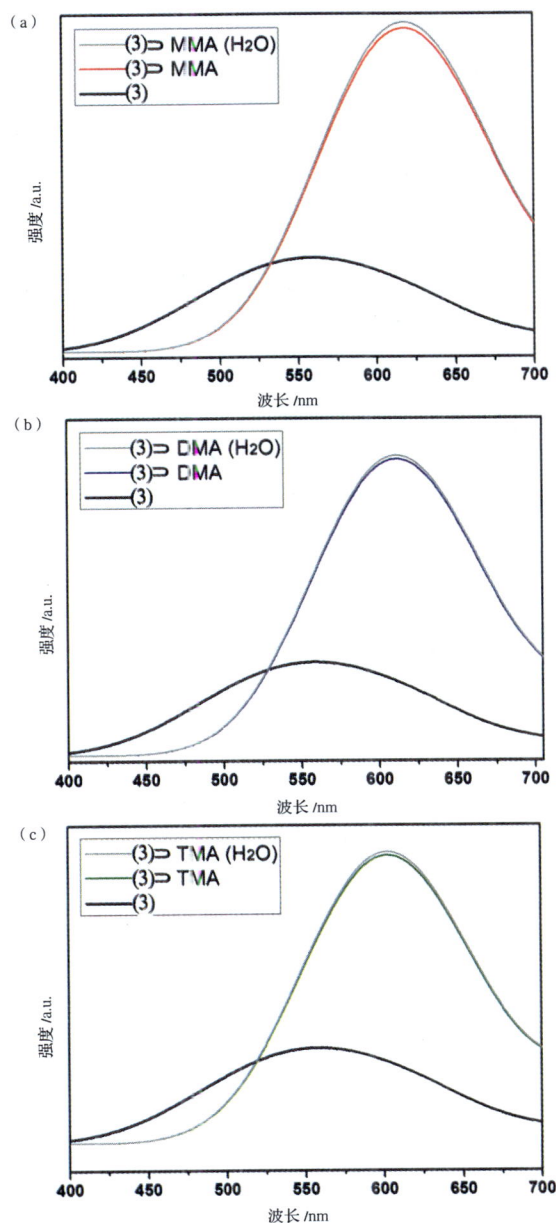

图 3.14 金属—有机配位化合物 (3) 在水蒸气中传感胺类气体的荧光响应图

通过荧光测试实验结果可以看出（图 3.15），当化合物 (3) 与 MMA 气体作用 1 分钟后，其荧光发射产生了非常急剧的荧光强度增强（2.1 倍）和荧光发射位置红移（36nm）。当化合物 (3) 与 MMA 气体作用 3 分钟后，样品的荧光强度增强为原来的 3.5 倍，荧光发射位置红移了 59nm，达到荧光发射变化最大值。这种荧光强度和荧光发射位置随时间变化的现象可以帮助我们推测，荧光传感指示盒内部发生了分子间的相互作用。

在短时间内，荧光传感指示盒内紫外灯下清晰地呈现了化合物 (3) 与胺类气体作用后的荧光变色现象。化合物 (3) 荧光传感胺类气体的最佳响应时间分别为 MMA 气体 3 分钟、DMA 气体 4 分钟、TMA 气体 6 分钟，详细数据见表 3.7。这些实验结果表明，本研究中自制的荧光传感指示盒可以用于实时检测胺类气体。

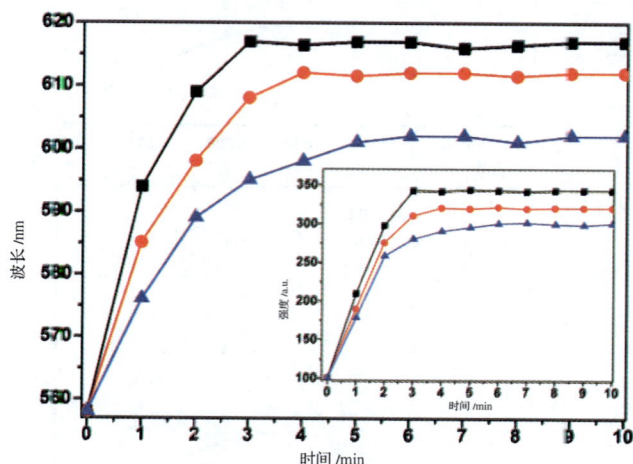

图 3.15　金属—有机配位化合物 (3) 与浓度为 1ppm 的胺类气体作用后的发射位置和发射强度图

表 3.7　与浓度为 1ppm 的胺类气体作用时，金属—有机配位化合物 (3) 的荧光发射位置和发射强度随时间变化数据表

时间（min）	(3)⊃MMA		(3)⊃DMA		(3)⊃TMA	
	发射位置 (nm)	发射强度 (%)	发射位置 (nm)	发射强度 (%)	发射位置 (nm)	发射强度 (%)
0	558	100	558	100	558	100
1	594	216	585	189	576	179
2	609	298	598	275	589	258
3	617	343	608	313	595	282
4	617	342	612	322	598	289
5	617	343	612	322	601	295

续表

时间（min）	(3)⊃MMA		(3)⊃DMA		(3)⊃TMA	
	发射位置 （nm）	发射强度 （%）	发射位置 （nm）	发射强度 （%）	发射位置 （nm）	发射强度 （%）
6	617	342	612	321	602	299
7	616	343	612	320	602	298
8	617	343	612	321	601	298
9	617	343	612	322	602	299
10	617	343	612	322	602	299

　　传感材料的重复利用性对于其商业可行性非常重要[70-71]。令我们鼓舞的是，化合物 (3) 对于胺类气体 MM、DMA 和 TMA 的荧光响应具有可重复性，化合物可以通过用 DMF 溶液洗若干次再生，其对胺类气体的荧光传感完全可逆。如图 3.16 和表 3.8 所示，在第十次检测胺类气体后，化合物 (3) 对其仍表现出几乎如初的荧光响应，其荧光强度略有增加，十次荧光传感后荧光强度的总体变化量低于 2%，说明了化合物 (3) 可以被重复使用而不失去活性和稳定性。这些实验结果同时被荧光测试、红外光谱分析和 X-射线衍射分析证实，如图 3.17～图 3.19 所示。

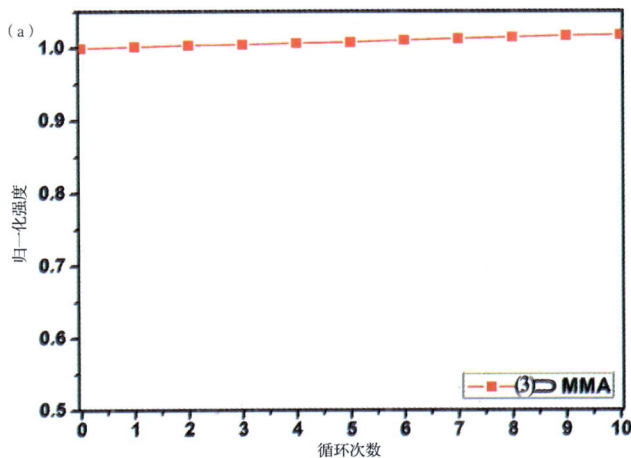

图 3.16

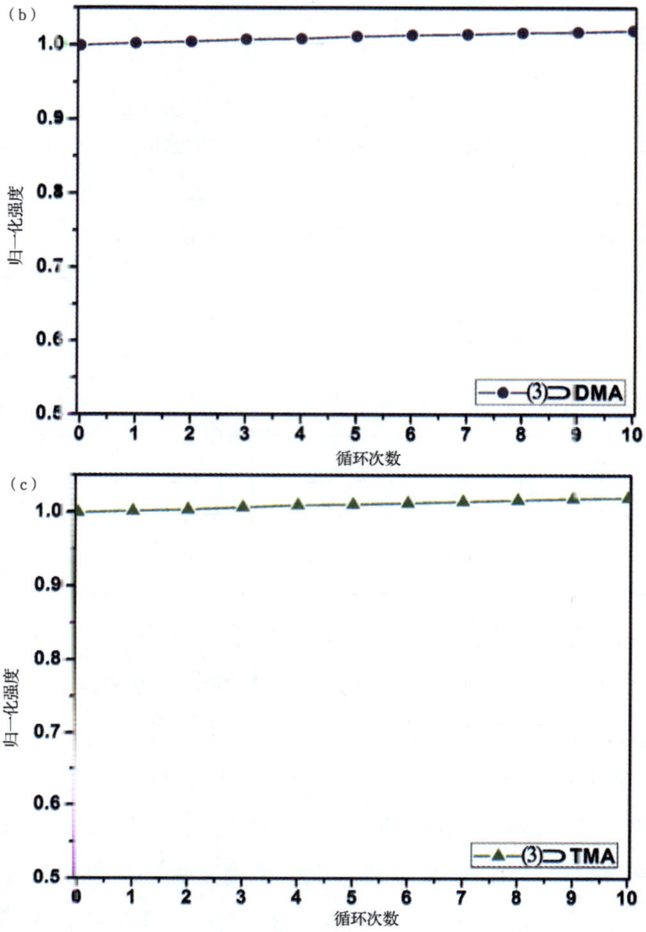

图 3.16 金属—有机配位化合物 (3) 传感胺类气体的可重复使用性数据图

表 3.8 与浓度为 1ppm 时的胺类气体作用时，金属—有机配位化合物 (3) 的荧光发射强度的增加百分比变化数据表

分析物	周期 1	周期 2	周期 3	周期 4	周期 5	周期 6	周期 7	周期 8	周期 9	周期 10
(3)⊃MMA	0.2%	0.4%	0.5%	0.7%	0.8%	1.1%	1.3%	1.5%	1.7%	1.8%
(3)⊃DMA	0.3%	0.5%	0.8%	0.9%	1.2%	1.4%	1.5%	1.7%	1.8%	2.0%
(3)⊃TMA	0.2%	0.4%	0.7%	1.0%	1.1%	1.3%	1.5%	1.7%	1.9%	2.0%

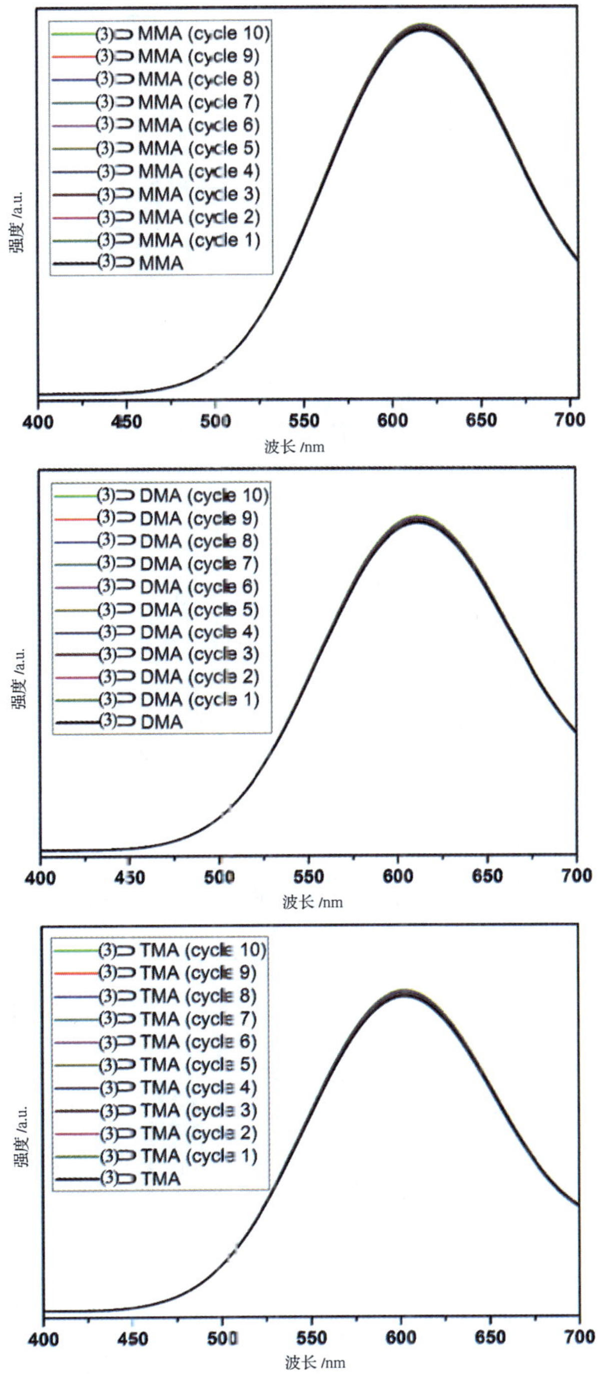

图 3.17　金属—有机配位化合物（3）与胺类气体作用后荧光测量结果图

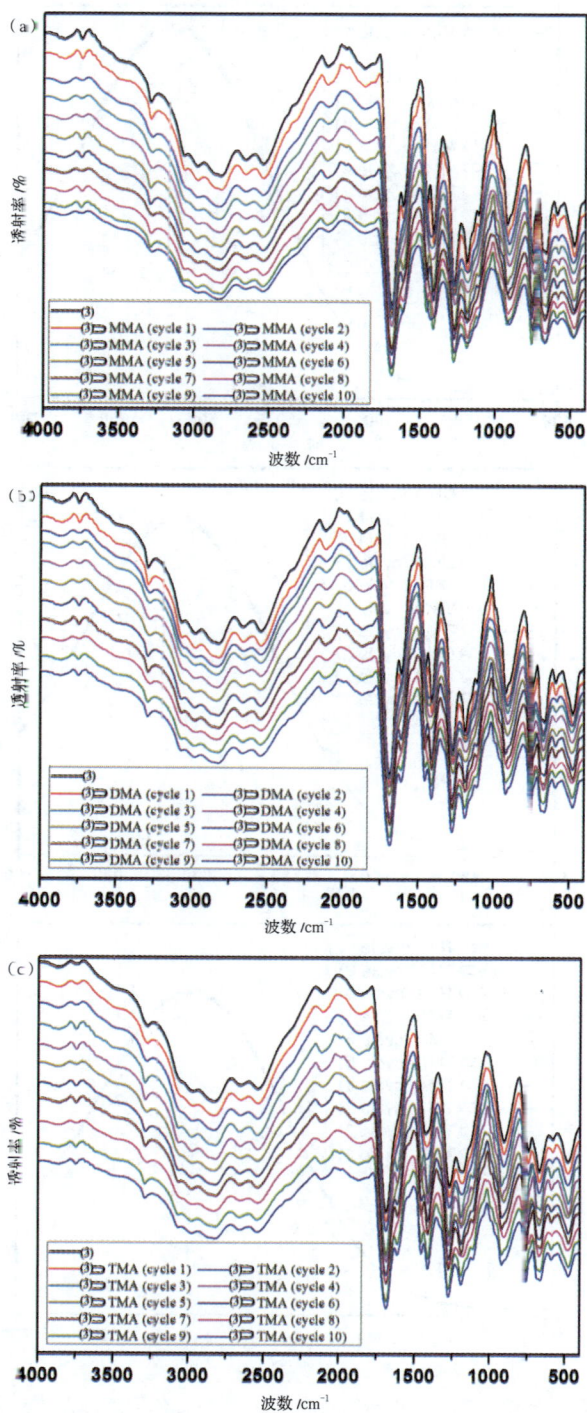

图 3.18　金属—有机配位化合物（3）与胺类气体作用循环 10 次后的红外光谱图

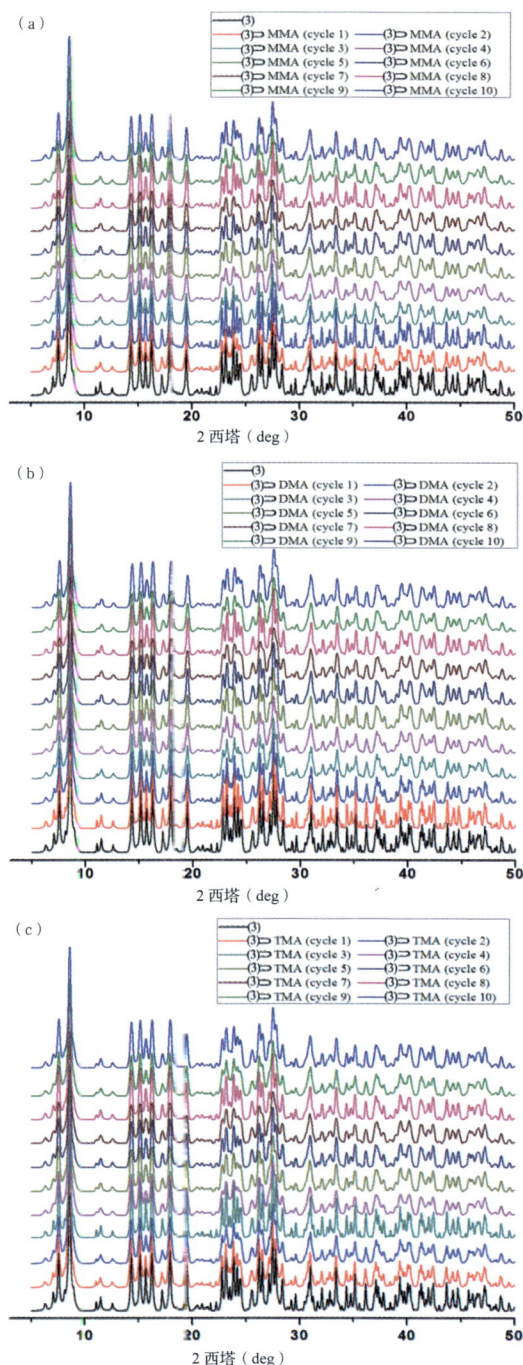

图 3.19　金属一有机配位化合物 (3) 与胺类气体作用循环 10 次后的 PXRD 图

　　为了研究化合物 (3) 的传感原理，我们分析了化合物 (3) 的结构，并推测其对胺类气体的选择性传感主要基于两个因素。

一方面，如图 3.20 所示，在化合物 (3) 内部有不饱和的羧基和配位水所形成的氢键网络，而且相邻的氢原子间距离很短，这意味着化合物 (3) 可以与包括胺类气体 MMA、DMA、TMA 气体在内的供电子基团发生强的相互作用。同时，化合物 (3) 对 MMA、DMA 和 TMA 气体的传感灵敏性的荧光测试实验结果显示，与三种气体作用后的样品荧光强度和荧光发射位置有微小的不同，化合物 (3) 与带有两个孤对电子的 MMA 气体分子作用后的荧光发射最强、红移最多，显示出氢键环境的重要性。

如化合物 (3) 结构图（图 3.2）和氢键网络图（图 3.20）所示，当化合物 (3) 与胺类气体作用时，相当于结构框架中的羧基基团被固定，自由振动被限制，形成闭环效应。这种闭环效应可以极大地提高化合物框架的刚性，而刚性的提高必然会导致荧光配体非辐射能量损失减少，从而使化合物荧光发射强度增强和荧光发射位置红移，进而导致化合物的荧光颜色从黄色变为橙红色。

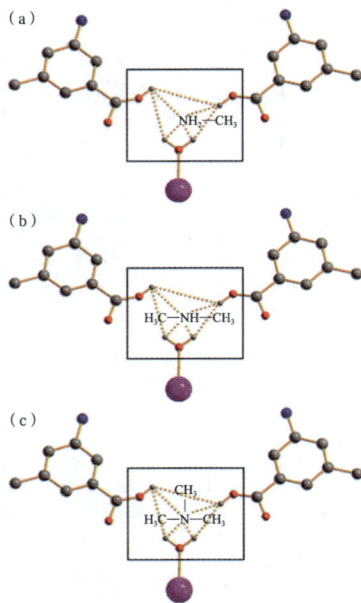

图 3.20　金属—有机配位化合物 (3) 与胺类气体作用的荧光传感机理模拟图

另一方面，前文提到 MOCPs 的配体荧光团的共轭程度可以显著影响其荧光发射。当化合物 (3) 的共轭基团与胺类供电子基团相互作用时，后者的电子轨道可以与芳环上的电子轨道平行，这样能有效提高有机配体分子的电荷密度，从而增强共轭体系，使原来不饱和体系的 HOMO 能级升高，相应地导致其与 LUMO 的能隙减小，有利于荧光的产生，同时增加了荧光效率，导致化合物荧光发射强度增强，发射位置红移，进而引起化合物 (3) 荧光颜色的变化。

3.5 本章小结

本章中，我们自制了荧光传感指示盒，并选用荧光较弱的 H_4ABTC 柔性配体和碱土金属离子 Sr^{2+}，设计和合成了具有多个活性位点的 s-MOCPs：$Sr(H_2ABTC)(DMF)(H_2O)$ 作为荧光传感材料。低成本、易合成的化合物 (3) 被单晶衍射表征，显示其结构特征包活共轭的荧团发色团和两个未配位的羧基。与纯配体的荧光发射相比，化合物 (3) 的荧光发射强度增强和发射位置红移，纯配体的弱的绿色荧光变为化合物 (3) 的强的黄色荧光。更重要的是，当化合物与胺类气体相互作用时，发生了进一步的荧光显著增强和发射位置红移，使荧光颜色从黄色变为橙色（图 3.21）。

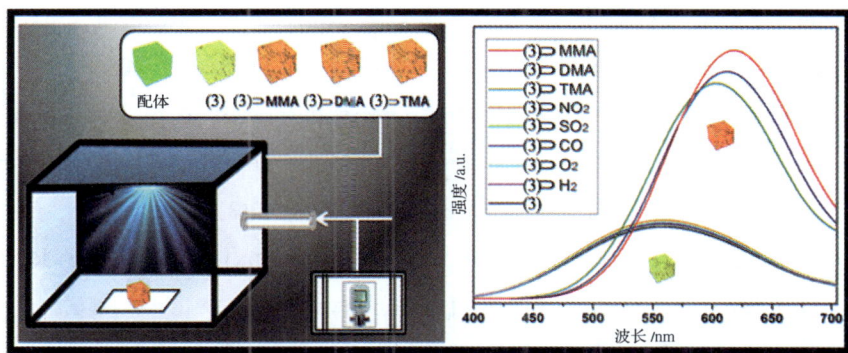

图 3.2 本章主要内容示意图

一系列详细的实验证实，基于 s-MOCPs：$Sr(H_2ABTC)(DMF)(H_2O)$ 传感材料的自制荧光传感指示盒可以方便、快速、无干扰且可重复地检测目标气体，是由于化合物 (3) 结构上未配位的羧基活性位点可以与外部的胺类气体 MMA、DMA、TMA 相互作用，因此产生的荧光变化被详细地研究。实验结果表明，利用化合物 (3) 进行胺类气体荧光传感检测是一种简单而有吸引力的方法，其对 MMA 气体分子在 3 分钟实时检测下的检测限低至 10ppb，这低于美国政府工业卫生学家会议（ACGIH）规定的胺类有毒有害气体阈限值，表明化合物 (3) 是有前途的传感材料。

同时，化合物 (3) 作为对胺类气体荧光传感材料的传感机制被深入探索，包括闭环导致荧光发射增强效应和共轭体系增强效应。

低成本、易合成的化合物 (3) 具有成为荧光材料潜能的两个有利因素，一是可以在温和条件下，利用简单的方法在短时间内制备；二是具有迅速而显著的荧光响应，并伴有颜色指示。据我们所知，本研究工作是第一例通过荧光颜色变化，用肉眼即可检测胺类气体的基于S区金属有机配位聚合物的荧光传感材料。当前研究通过一个自制的气体荧光传感指示盒，利用可行的简易方法合成了低成本、高性能、有应用潜能的s-MOCPs：$Sr(H_2ABTC)(DMF)(H_2O)$荧光传感材料，可能在生物医药、食品质量、环境监测和其他领域广泛应用。本工作为下一步制备基于s-MOCPs的膜传感材料进行有害物质的检测奠定了基础。

参考文献

[1] Zhang Q, Streets D G, Carmichael G R, et al. Asian emissions in 2006 for the NASA INTEX-B mission [J]. Atmos. Chem. Phys., 2009, 9(14):5131-5153

[2] Kumar P, Morawska L, Martani C, et al. The rise of low-cost sensing for managing air pollution in cities [J]. Environ. Int., 2015(75):199-205

[3] Fann N, Fulcher C M, Hubbell B J. The influence of location, source, and emission type in estimates of the human health benefits of reducing a ton of air pollution [J]. Air Quality, Atmosphere & Health, 2009, 2(3):169-176.

[4] Sircar K, Clower J, Shin M k, et al. Carbon monoxide poisoning deaths in the United States, 1999 to 2012 [J]. The American Journal of Emergency Medicine, 2015, 33(9):1140-1145.

[5] Chen X, Luo Q, Wang D, et al. Simultaneous assessments of occurrence, ecological, human health, and organoleptic hazards for 77 VOCs in typical drinking water sources from 5 major river basins, China [J]. Environ. Pollut., 2015, 205:64-72.

[6] Zhang W, Chen Z, Yang Z. An inward replacement/etching route to synthesize double-walled Cu_7S_4 nanoboxes and their enhanced performances in ammonia gas sensing [J]. PCCP, 2009, 11(29):6263-6268.

[7] Feng L, Musto C J, Kemling J W, et al. A colorimetric sensor array for identification of toxic gases below permissible exposure limits [J]. Chem. Commun., 46(2010):2037-2039.

[8] Li F, Liu H Y, Xue C H, et al. Simultaneous determination of dimethylamine, trimethylamine and trimethylamine-N-oxide in aquatic products extracts by ion chromatography with non-suppressed conductivity detection [J]. J. Chromatogr A,

2009,1216(31):5924-5926.

[9] Baliño-Zuazo L, Barranco A. A novel liquid chromatography–mass spectrometric method for the simultaneous determination of trimethylamine, dimethylamine and methylamine in fishery products [J].Food Chem.,2016(196):1207-1214.

[10] Chung S W C, Chan B T P. Trimethylamine oxide, dimethylamine, trimethylamine and formaldehyde levels in main traded fish species in Hong Kong [J]. Food Additives & Contaminants:Part B,2009,2(1):44-51.

[11] Lin J K, Chang H W, Lin-Shiau S Y. Abundance of dimethylamine in seafoods:Possible implications in the incidence of human cancer [J]. Nutrition and Cancer,1985,6(3):148-155.

[12] Caffaro-Filho R A, Grossman M J, Durrant L R. Volatilization of toxic α,β- unsaturated aldehydes compounds during activated sludge treatment of polyester manufacturing industry wastewater [J]. Environ. Eng. Sci.,2011,28(6):415-419.

[13] Wu B Z, Feng T Z, Sree U, et al. Sampling and analysis of volatile organics emitted from wastewater treatment plant and drain system of an industrial science park [J]. Anal. Chim. Acta.,2006,576(1):100-111.

[14] Helali S, Puzenat E, Perol N, et al. Methylamine and dimethylamine photocatalytic degradation—adsorption isotherms and kinetics [J]. Appl. Catal. A, 2011, 402(1-2):201-207.

[15] Dacosta K A,Vrbanac J J, Zeisel S H. The measurement of dimethylamine, trimethylamine, and trimethylamine N-oxide using capillary gas chromatography- mass spectrometry [J]. Anal. Biochem.,1990,187(2):234-239.

[16] Beata W, Pawe M, Ireneusz Ś,et al.Application of GC-MS with a SPME and thermal desorption technique for determination of dimethylamine and trimethylamine in gaseous samples for medical diagnostic purposes [J]. J. Breath Res.,2010,4(2):6-12.

[17] Erupe M E,Liberman-Martin A,Silva P J,et al.Determination of methylamines and trimethylamine-N-oxide in particulate matter by non-suppressed ion chromatography [J]. J. Chromatogr. A,2010,1217(13):2070-2073.

[18] Veciana-Nogues M T, Albala-Hurtado M S, Izquierdo-Pulido M,et al. Validation of a gas-chromatographic method for volatile amine determination in fish samples [J]. Food Chem.,1996,57(4):569-573.

[19] Bagnasco S.Quantitative determination of methylamines using microelectrodes [J]. Anal. Biochem.,1985,149(2):572-574.

[20] Zhang L, Zhao J, Lu H, et al. Highly sensitive and selective dimethylamine sensors based on hierarchical ZnO architectures composed of nanorods and nanosheet-assembled microspheres [J]. Sens. Actuators E,2012(171-172):1101-1109.

[21] Gamati S, Luong J H T, Mulchandani A. A microbial biosensor for trimethylamine using Pseudomonas aminovorans cells [J]. Biosens Bioelectron, 1991, 6(2):125-131.

[22] Li L, Liu S, Liu J. Surface modification of coconut shell based activated carbon for the improvement of hydrophobic VOC removal [J]. J. Hazard. Mater.,2011, 192(2):683-690.

[23] Haeringer D, Goschnick J. Characterization of smelling contaminations on textiles using a gradient microarray as an electronic nose [J]. Sens. Actuators B, 2008, 132(2):644-649.

[24] Cai X, Li J, Zhang Z, et al. Chemodosimeter-based fluorescent detection of l-cysteine after extracted by molecularly imprinted polymers [J].Talanta, 2014(120):297-303.

[25] Song J, Wu F Y, Wan Y Q, et al. Ultrasensitive turn-on fluorescent detection of trace thiocyanate based on fluorescence resonance energy transfer [J].Talanta, 2015(132):619-624.

[26] He M, Peng H, Wang G, et al. Fabrication of a new fluorescent film and its superior sensing performance to N-methamphetamine in vapor phase [J].Sens. Actuators B,2016(227):255-262.

[27] Bayer J A, Bauman J G J. Flow cytometric detection of β-globin mRNA in murine haemopoietic tissues using fluorescent in situ hybridization [J]. Cytometry, 1990,11(1):132-143.

[28] Toscani A, Marín-Hernández C, Moragues M E, et al. Ruthenium(Ⅱ) and Osmium(Ⅱ) vinyl complexes as highly sensitive and selective chromogenic and fluorogenic probes for the sensing of carbon monoxide in air [J]. Chemistry -A European Journal, 2015, 21(41):14529-14538.

[29] Qian C, Cao K, Liu X, et al. Scaffold-like 3D networks fabricated via the

organogelation of β–diketone–boron for fluorescent sensing organic amine vapors [J]. Chin. Sci. Bull., 2012, 57(33):4264–4271.

[30] Rad M, Dehghanpour S, Fatehfard S, et al. Discrete molecular complex, one and two dimensional coordination polymer from cobalt, copper, zinc and (E)–4–hydroxy–3–((quinolin–8–ylimino)methyl)benzoic acid:Synthesis, structures and gas sensing property [J]. Polyhedron, 2016(106):10–17.

[31] Weng H, Yan B. A flexible Tb(Ⅲ) functionalized cadmium metal organic framework as fluorescent probe for highly selectively sensing ions and organic small molecules [J]. Sens. Actuators B, 2016(228):702–708.

[32] Liu T, Liu S. Responsive polymers–based dual fluorescent chemosensors for Zn^{2+} ions and temperatures working in purely aqueous media [J]. Anal. Chem., 2011, 83(7):2775–2785.

[33] Dang S, Min X, Yang W, et al. Lanthanide metal–organic frameworks showing luminescence in the visible and near–infrared regions with potential for acetone sensing [J]. Chemistry–A European Journal, 2013, 19(50):17172–17179.

[34] Sarkar S, Dutta S, Chakrabarti S, et al. Redox–switchable copper(i) metallogel:A metal–organic material for selective and naked–eye sensing of picric acid [J]. ACS Appl. Mat. Interfaces, 2014, 6(9):6308–6316.

[35] Guo T, Deng Q, Fang G, et al. Upconversion fluorescence metal–organic frameworks thermo–sensitive imprinted polymer for enrichment and sensing protein [J]. Biosens Bioelectron, 2016(79):341–346.

[36] He D F, Tang Q, Liu S M, et al. White–light emission by selectively encapsulating single lanthanide metal ions into the alkaline earth metal–organic coordination polymers [J]. Dyes Pigm., 2015(122) :317–323.

[37] Tang Q, Liu S, Liu Y, et al. Color tuning and white light emission via in situ doping of luminescent lanthanide metal–organic frameworks [J]. Inorg. Chem., 2014, 53(1):289–293.

[38] Tang Q, Liu Y, Liu S, et al. High proton conduction at above 100 °C mediated by hydrogen bonding in a lanthanide metal–organic framework [J]. J. Am. Chem. Soc., 2014, 136(35):12444–12449.

[39] Tang Q, Liu S, Liu Y, et al. Cation sensing by a luminescent metal–organic framework with multiple lewis basic sites [J]. Inorg. Chem., 2013, 52(6):2799–

2801.

[40] Tang Q, Liu S X, Liang D D, et al. Lanthanide-organic complexes based on polyoxometalates:Solvent effect on the luminescence properties [J]. J. Solid State Chem., 2012(190):85-91.

[41] Yuan C, Saito S, Camacho C, et al. Yamaguchi, a π-conjugated system with the flexibility and rigidity that shows the environment-dependent RGB luminescence [J]. J. Am. Chem. Soc., 2013, 135(24):8842-8845.

[42] Wang L, Li H, Fang G, et al. Fluorescence enhancement of water-soluble porphyrin-containing conjugated polymer induced by DNA and cellular imaging in living cells [J]. Sens. Actuators B, 2014(196):653-662.

[43] Song W Q, Cui Y Z, Tao F R, et al. Conjugated polymers based on poly(fluorenylene ethynylene)s:Syntheses and sensing performance for nitroaromatics [J]. Opt. Mater., 2015,42:225-232.

[44] Wang X X, Li Z X, Yu B, et al. Tuning zinc(Ⅱ) coordination architectures by rigid long bis(triazole) and different carboxylates:Synthesis, structures and fluorescence properties [J]. Spectrochim Acta Part A, 2015(149):109-115.

[45] Thanasekaran P, Lee C C, Lu K L. One-step orthogonal-bonding approach to the self-assembly of neutral rhenium-based metallacycles:Synthesis, structures, photophysics, and sensing applications [J]. Acc. Chem. Res., 2012, 45(9):1403-1418.

[46] Costa D, Pradier C M, Tielens F, et al. Adsorption and self-assembly of bio-organic molecules at model surfaces:A route towards increased complexity [J]. Surf. Sci. Rep., 2015, 70(4):449-553.

[47] Wanderley M M, Wang C, Wu C D, et al. A chiral porous metal-organic framework for highly sensitive and enantioselective fluorescence sensing of amino alcohols [J]. J. Am. Chem. Soc., 2012, 134(22):9050-9053.

[48] Gole B, Bar A K, Mukherjee P S. Modification of extended open frameworks with fluorescent tags for sensing explosives:competition between size selectivity and electron deficiency [J]. Chemistry-A European Journal, 2014, 20(8):2276-2291.

[49] Xu X Y, Yan B. Eu(Ⅲ)-functionalized MIL-124 as fluorescent probe for highly selectively sensing ions and organic small molecules especially for Fe(Ⅲ) and Fe(Ⅱ) [J]. ACS Appl. Mat. Interfaces, 2015, 7(1):721-729.

[50] Zhang S R, Du D Y, Qin J S, et al. 2D Cd(Ⅱ)–lanthanide(Ⅲ) heterometallic–organic frameworks based on metalloligands for tunable luminescence and highly selective, sensitive, and recyclable detection of nitrobenzene [J]. Inorg. Chem., 2014, 53(15):8105−8113.

[51] Xing F, Jia J, Liu L, et al. Synthesis, structure and adsorption of coordination polymers constructed from 3,3',5,5'–azobenzenetetracarboxylic acid and Zn ions [J]. Cryst Eng Comm, 2013, 15(24):4970−4980.

[52] Smith T, Guild J. The CIE colorimetric standards and their use[J].Transactions of the Optical Society, 1931, 33(3):73.

[53] Yu L C, Chen Z F, Liang H, et al. A triple helical calcium−based coordination polymer with strong blue fluorescent emission [J]. J. Mol. Struct., 2005, 750(1−3):35−38.

[54] Murugavel R, Kumar P, Walawalkar M G, et al. A double helix is the repeating unit in a luminescent calcium 5–aminoisophthalate supramolecular edifice with water−filled hexagonal channels [J]. Inorg. Chem., 2007, 46(17):6828−6830.

[55] Gurunatha K L, Uemura K, Maji T K. Temperature− and stoichiometry−controlled dimensionality in a magnesium 4,5–imidazoledicarboxylate system with strong hydrophilic pore surfaces [J]. Inorg. Chem., 2008, 47(15):6578−6580.

[56] Zhong R Q, Zou R Q, Du M, et al. Observation of helical water chains reversibly inlayed in magnesium imidazole−4,5−dicarboxylate [J]. Cryst Eng Comm, 2008(10):1175−1179.

[57] Pan L, Frydel T, Sander M B, et al. The effect of ph on the dimensionality of coordination polymers [J]. Inorg. Chem., 2001(40):11271−11283.

[58] N. F. M. Henry, K. Lonsdale. International tables for X−ray crystallography[M]. Birmingham:Kynoch Press, 1952.

[59] Sheldrick, G. M. SHELXS−97:Programs for crystal structure solution[M]. Götingen:University of Götinger, 1997.

[60] Yang L M, Vajeeston P, Ravindran P, et al. Revisiting isoreticular MOFs of alkaline earth metals:A comprehensive study on phase stability, electronic structure, chemical bonding, and optical properties of A−IRMOF−1(A = Be, Mg, Ca, Sr, Ba) [J]. PCCP, 2011, 13(21):10191−10203.

[61] Platero−Prats A E, Iglesias M, Snejko N, et al. From coordinatively weak ability of constituents to very stable alkaline−earth sulfonate metal organic frameworks

[J]. Crystal Growth & Design, 2011, 11(5):1750-1758.

[62] Robin A Y, Fromm K M. Coordination polymer networks with O- and N-donors:What they are, why and how they are made [J]. Coord. Chem. Rev., 2006(250):2127-57.

[63] Che Y K, Yang X M, Zhang Z X, et al. Ambient photodoping of p-type organic nanofibers:Highly efficient photoswitching and the electricalvapor sensing of amines [J]. Chem. Commun., 2010(46):4127-4129.

[64] Feuster E K, Glass T E. Detection of amines and unprotected amino acids inaqueous conditions by formation of highly fluorescent iminium ions [J]. J. Am. Chem. Soc., 2003(125):16174-16175.

[65] Zhang X, Liu X, Lu R, et al. Fast detection of organicamine vapors based on fluorescent nanofibrils fabricated from tripheny-lamine functionalizedb-diketone-boron difluoride [J]. J. Mater. Chem., 2012(22):1167-1172.

[66] Jiang B P, Guo D S, Liu Y. Self-assembly of amphiphilic perylene-cyclodextrin conjugate and vapor sensing for organic amines [J]. J. Org. Chem., 2010(75):7258-7264.

[67] Che Y K, Yang X M, Loser S, et al. Expedient vapor probing of organic amines using fluorescent nanofibers fabricated from an n-type organic semiconductor [J]. Nano. Lett., 2008(8) :2219-2223.

[68] Huang X, You T, Li T, et al. End-column electrochemical detectionfor aromatic amines with high performance capillary electrophoresis [J]. Electro-analysis, 1999(11):969-972.

[69] Jung E H, Park Y J. TinyONet:A cache-based sensor network bridge enabling sensing data reusability and customized wireless sensor network services [J]. Sensors, 2008(12):8-10.

[70] Lu W, Song Y, Yao K, et al. Thermal-induced formation of a three-dimensional nanoplasmonic sensor from ag nanocubes with high stability and reusability[J]. Chemistry-A European Journal, 2014, 20(13):3636-3645.

第四章　混合配体构筑的s-MOCPs的合成、结构及荧光传感研究

随着全球工农业的发展，水污染已成为当前环境面临的越来越严峻的问题[1-3]。由于其会对人体健康产生恶劣影响，有毒有害的有机和无机污染物是全世界最麻烦的问题之一。例如杀草强，是一种广泛使用的除草剂，具有极强的致癌性和生物毒性，可以通过溶于水进入人体[4-5]。一个众所周知的重金属离子中毒的例子就是疼痛病，由日本金珠河镉污染引起，是因为长期摄食被镉污染的水源而引起的一种慢性镉中毒[6]。

水质的污染程度需要根据相应标准来确定和检测[7]。因此，发展有效和高效的检测方法是十分必要的。目前，各类技术被广泛应用在这个富有挑战的领域，包括电化学法[8-10]、质谱法[11]、气相色谱法[12]、离子迁移谱法[13]、生物检测[14]和其他技术[15-20]。而由于具有高灵敏、成本低、前处理简单等优点，荧光传感技术在水质检测中已经引起了相当大的关注[21-27]。金属有机配位聚合物（MOCPs）在荧光性质方面的研究使其在化学传感中表现出了巨大应用潜能，由于MOCPs的结构可以提供荧光可调性，已广泛在传感分子[28]、金属离子[29-30]、气体[31]、蒸汽[32]和爆炸物[33-34]等领域中被研究和应用。最近，基于MOCPs的传感材料在水中识别有机分子或金属离子表现出了非常有前景的成果[35-38]。结构明确的MOCPs令人感兴趣，是由于其独特和可调控的光学性能，同时，其强的荧光强度和内置的活性位点能对荧光传感起到更好的效果[39]。

近年来研究者们趋向于选用两种或两种以上不同类型的配体来构筑MOCPs材料。常见的配体组合包括：羧酸与羧酸类，羧酸与氮杂环类，氮杂环与氮杂环类，氮杂环与CN类等[40-51]。基于两种或多种混合配体的MOCPs一般会由于包

含配体的种类多，而形成更为复杂的配位模式，使得这类特性的化合物结构更加多变，功能更加多样。而对于荧光MOCPs来说，混合配体夏可能形成具有特定荧光性能的MOCFs。研究者们热衷于获得具有螺旋结构的荧光金属有机配位聚合物[52-55]。

最近有研究表明，非平面的荧光分子尤其是"螺旋桨"型的分子构型具有聚集诱导荧光增强效立，其可以最大限度地避免分子间的π···π堆积作用，从而抑制非辐射跃迁途径，使化合物荧光增强[56]。然而，设计获得具有螺旋桨结构的分子非常困难。

对于基于配体发光的MOCPs来说，大多数之前的工作都是围绕发强光的单配体来进行的[57-59]，而对于两个或多个弱荧光的配体形成的荧光MOCPs在荧光检测应用方面的研究几乎空白。第二配体可以部分甚至全部取代金属中心离子配位的溶剂分子，或与第一配体同时与金属中心离子配位，参与配合物整体能量传递，丰富MOCPs的荧光性质。常用的第二配体一般包括邻菲啰啉、羟基喹啉、联吡啶、EDTA和表面活性剂等中性小分子[60-66]。

在本章工作中，我们以构筑具有纳米尺寸孔道的荧光MOCPs并研究其荧光传感性能为目标，在分子自组装和晶体工程等理论与概念的指导下，选择具有活性位点N的刚性配体H_2bqdc（2,2-联喹啉-4,4-二甲酸）（图4.1）与扇形的phen（1,10-邻菲啰啉）（图4.2）配体形成混合配体，与不发光、低成本的S区碱土金属离子Sr^{2+}构筑了s-MOCPs：$H_2Sr_2(bqdc)_3(phen)_2$（4）。最终，获得了预期螺旋桨分子构型的分子，并通过单晶衍射测试确定表明，在化合物结构中具有经常在与外部客体的作用中扮演重要角色的路易斯碱活性位点N原子位于晶体的孔道中，获得具有活性位点的荧光s-MOCPs对传感研究和应用更有意义。

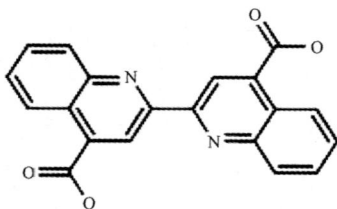

图4.1　H_2bqdc配体的结构示意图

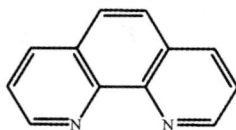

图4.2　Phen配体的结构示意图

　　基于上述观点，本章利用两个弱荧光的配体和不发光的碱土金属锶离子合成了结构新颖、稳定性强的多孔 s-MOCPs，并对其荧光性能和应用进行了详细研究。实验结果表明，化合物 (4) 表现出了良好的荧光性质和对特异有机污染物 3-AT（amitrole）和有毒的金属离子 Cd^{2+} 的传感应用潜能。

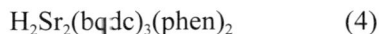

$$H_2Sr_2(bqdc)_3(phen)_2 \qquad (4)$$

4.1　化合物（4）的合成

　　将硝酸锶（0.10mmol）、bqdc（0.15mmol）、phen（0.1mmol）、HNO_3（0.1mL）和 H_2O（15mL）混合溶液搅拌 1 小时，之后以 80% 的填充度将溶液转入 25mL 的聚四氟乙烯反应釜，在 155℃ 烘箱内加热 72 小时后，以每小时 5℃ 的速度降至 100℃，关闭烘箱冷却至室温。开釜后将所得固体超声洗涤、过滤、干燥后，可得到片状晶体，产率为 68%（基于配体 H_2dqdc 的量计算）。元素分析（$C_{84}N_{10}O_{12}H_{48}Sr_2$）理论计算值：C，64.48%；H，3.09%；N，8.95%。实验值：C，64.52%；H，3.11%；N，9.01%。红外光谱（KBr 压片，cm^{-1}）：3363（s），2895（s），1504（s），1046（s），861（s），772（s）。

4.2　X- 射线衍射晶体学数据

　　选取一颗大小适度、形状规则、晶质良好的晶体，将其封装于毛细玻璃管，固定于 X- 射线衍射仪，入射光源为石墨单色化 M_o-K_α 的射线，在低温下对合理的衍射点进行收集，所收集到的数据进行还原校正和吸收校正（Saint 和 Sadabs 程序包），对晶体的结构进行直接法解析。解析过程中综合运用 Wingx、Shelxl 97 程序包及 Olex 2，并用 Shelxl 97 程序包进行最小二乘法精修校正。

　　化合物 (4)：将尺寸为 0.26mm×0.15mm×0.08mm 的无色片状单晶用凡士林包裹后，封装于毛细玻璃管。采用 Bruker Smart-CCD Ⅱ 衍射仪，M_o-K_α（λ=0.71069Å），在 293（2）K 的温度下进行单晶衍射数据收集。h 值 k 值 l 值范围：$-19 \leq h \leq 19$，$-31 \leq k \leq 27$，$-5 \leq l \leq 9$，θ 范围：$1.84° < \theta < 25.00°$。化合物 (4) 的实验条件、结构解析及其数据修正方法和晶体学数据[67-68]列于表 4.1 中。重要键长键角表分别列于表 4.2 和表 4.3 中。

表 4.1　金属—有机配位化合物（4）的晶体数据图

项目	数据
分子式	$C_{84}N_{10}O_2H_{48}Sr_2$
分子量（$g \cdot mol^{-1}$）	752.28
T (K)	293(2)
波长 (Å)	0.71069
晶体系统	三斜晶体
空间群	P-1
a (Å)	11.6980(13)
b (Å)	13.2000(15)
c (Å)	13.5640(15)
α (°)	64.143(2)
β (°)	83.737(2)
γ (°)	67.919(2)
V (Å³)	1742.8(3)
Z	2
晶体密度（$g \cdot cm^{-3}$）	1.408
μ (mm^{-1})	1.606
F(000)	2312.0
θ 范围 (°)	1.84 ～ 25.00
F^2 的拟合度	1.105
$R_1 [I > 2\sigma(I)]$	0.0658
wR_2（所有数据）	0.2164

注：$R_1 = \Sigma ||F_o| - |F_c|| / \Sigma |F_o|$；

$wR_2 = \{ \Sigma [w(F_o^2 - F_c^2)^2] / \Sigma [w(F_o^2)^2] \}^{1/2}$。

表 4.2　金属—有机配位化合物（4）的键长图 ●

键名	键长	键名	键长
Sr(1)—O(6)#1	2.438(7)	Sr(1)—O(4)#2	2.520(8)
Sr(1)—O(2)	2.448(7)	Sr(1)—N(5)	2.647(8)
Sr(1)—O(5)	2.466(7)	Sr(1)—N(4)	2.660(9)
Sr(1)—O(3)#2	2.485(7)	Sr(1)—O(2)#1	2.696(7)
Sr(1)—O(1)#1	2.516(8)	Sr(1)—O(5)	2.466(7)

表 4.3　金属—有机配位化合物（4）的键角图

键名	键长	键名	键长
O(6)#1—Sr(1)—O(2)	71.1(3)	O(2)—Sr(1)—O(4)#2	78.1(3)
O(6)#1—Sr(1)—O(5)	133.7(3)	O(6)#1—Sr(1)—N(5)	75.9(3)
O(2)—Sr(1)—O(5)	81.3(2)	O(5)—Sr(1)—O(4)#2	75.4(3)
O(6)#1—Sr(1)—O(3)#2	85.9(3)	O(3)#2—Sr(1)—O(4)#2	51.8(2)
O(2)—Sr(1)—O(3)#2	82.2(3)	O(1)#1—Sr(1)—O(4)#2	144.3(3)
O(5)—Sr(1)—O(3)#2	126.9(3)	O(2)—Sr(1)—N(4)	151.8(3)
O(2)—Sr(1)—N(5)	141.5(3)	O(5)—Sr(1)—N(5)	137.0(3)
O(6)#1—Sr(1)—O(4)#2	130.6(3)	O(3)#2—Sr(1)—O(1)#1	145.4(3)
O(1)#1—Sr(1)—N(5)	69.4(3)	O(6)#1—Sr(1)—N(4)	136.5(3)
O(5)—Sr(1)—O(1)#1	81.8(3)	O(4)#2—Sr(1)—N(5)	110.7(3)
O(2)—Sr(1)—O(1)#1	125.4(2)	O(6)#1—Sr(1)—O(1)#1	84.9(3)
O(6)#1—Sr(1)—O(2)#1	69.0(3)	O(3)#2—Sr(1)—N(5)	76.1(3)
O(4)#2—Sr(1)—O(2)#1	138.3(3)	O(4)#2—Sr(1)—N(4)	77.1(3)
O(1)#1—Sr(1)—O(2)#1	49.4(2)	O(1)#1—Sr(1)—N(4)	72.0(3)
O(3)#2—Sr(1)—O(2)#1	151.0(3)	O(3)#2—Sr(1)—N(4)	92.7(3)
O(5)—Sr(1)—O(2)#1	68.7(2)	O(5)—Sr(1)—N(4)	79.7(3)
O(2)—Sr(1)—O(2)#1	76.1(2)	O(3)#2—Sr(1)—N(5)	76.1(3)

● 对称码：#1 -x+1,-y,-z+1; #2 -x+1,-y+1,-z; #3 -x+2,-y-1,-z+1。

4.3　结构讨论及性质表征

单晶衍射分析表明，s-MOCPs 化合物 (4) 是三斜 P-1 空间群，不对称单元包含两个晶体学独立的碱土金属离子 Sr^{2+}、三个 $bqdc^{2-}$ 离子和两个配位的 phen 分子。值得一提的是，在 $H_2Sr_2(bqdc)_3(phen)_2$ 的孔道中有许多路易斯碱活性位点氮原子，如图 4.3 所示。由 platon[69] 确定的溶剂可及体积约 22.7%。很明显，这种多孔结构和合适维度的传感材料可以使外部的路易斯酸如金属离子到达化合物的活性位点，可能对化合物的荧光性质产生影响，并提高传感识别响应效率。

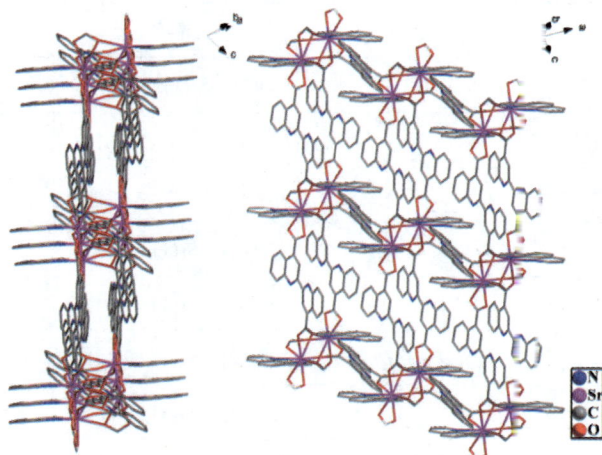

图 4.3　金属—有机配位化合物 (4) 的晶体结构图

在化合物 (4) 的结构中，如图 4.4 所示，刚性、扇形的六个 bqdc 和两个 phen 与一个锶簇配位形成的 MOCPs 片段呈现出了有趣的类似于螺旋桨的构型。

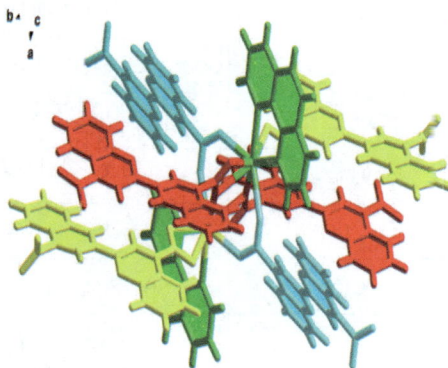

图 4.4　金属—有机配位化合物 (4) 的空间立体构型图

晶态的化合物 (4) 不溶于水，通过热重分析观察发现，其可以耐热到

200℃，这个温度稳定范围足以使外部金属离子进入 s-MOCPs 的孔道内部时使其保持稳定（图 4.5）。化合物 (4) 的 XRD 图与单晶结构分析对应的模拟图相对比，二者在衍射峰数、角度位置、相对强度和峰形上没有出现明显差别，尤其在 XRD 谱图中小角度衍射峰均与其单晶模拟结果的衍射峰吻合，表明了所合成的化合物 (4) 的晶态样品具有较好的纯度，如图 4.6 所示。

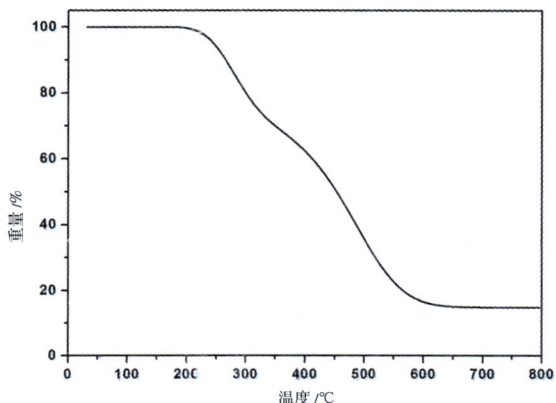

图 4.5 金属—有机配位化合物 (4) 的热重量分析图

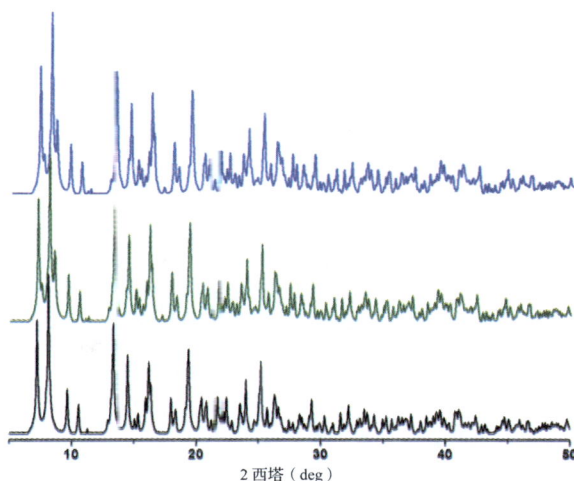

图 4.6 金属—有机配位化合物 (4) 的 XRD 和模拟对比图

4.4 化合物 (4) 对有机污染物的荧光传感研究

对配体 H_2bqdc、配体 phen 和化合物 (4) 分别固定发射波长，在一定范围内扫描荧光激发光谱；分别设定激发波长为最大激发波长，在合理范围内扫描其荧光发射光谱。可知：配体 H$_2$bqdc 的荧光强度很弱，当激发波长为 266nm 时（图 4.7），其最大发射在 403nm，相对发射强度为 3700 左右（图 4.8）。配体 phen 的荧光强度更弱，当激发波长为 297nm 时（图 4.9），其最大发射在 363nm（图 4.10），相对发射强度为 800 左右。它们的谱图都是单宽峰，归因于配体分子 π···π* 的电子跃迁。

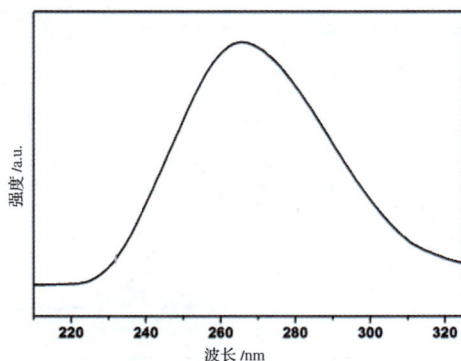

图 4.7　H$_2$bqdc 配体的激发光谱

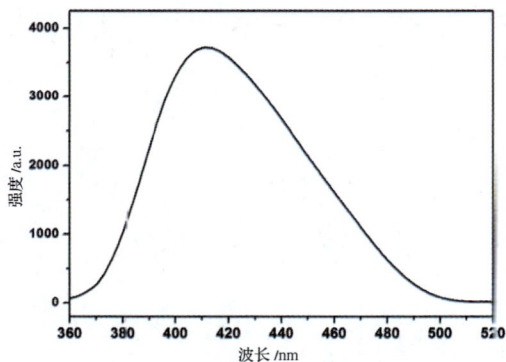

图 4.8　H$_2$bqdc 配体的发射光谱

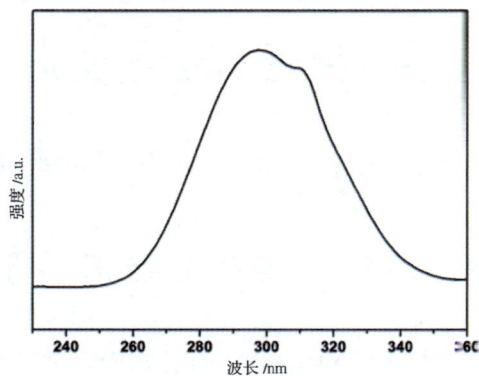

图 4.9　Phen 配体的激发光谱

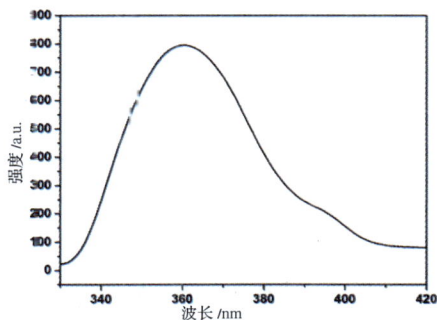

图 4.10　Phen 配体的发射光谱

　　s-MOCPs 化合物 (4) 的荧光发射呈现双峰，当在 365nm 处激发时，发射位置分别在 426 和 502nm，如图 4.11 和图 4.12 所示。据我们所知，MOCPs 发射位置的红移和发射强度一定的增强可以归因于配体与金属离子形成配合物后，增强了配体的刚性，并抑制了分子内的电子转移，所以使荧光效率增加[70]。然而，令人惊讶的是，对于化合物 (4)，其发射光谱与各配体相比显著增强，与单一配体 bqdc 的荧光发射相比，化合物 (4) 的荧光发射强度增强了 21 倍；与单一配体 phen 的荧光发射相比，化合物 (4) 的荧光发射强度增强了 101 倍，如图 4.13 所示。

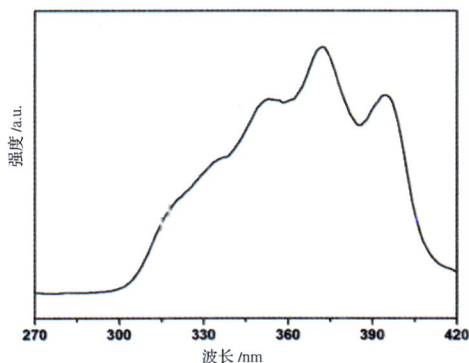

图 4.11　金属—有机配位化合物 (4) 的激发光谱

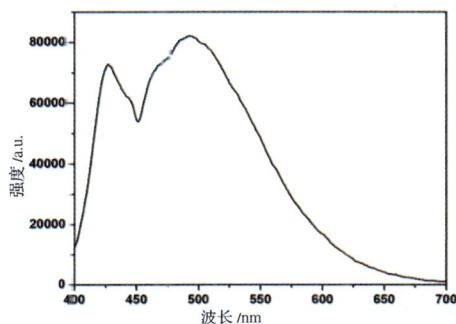

图 4.12　金属—有机配位化合物 (4) 的发射光谱

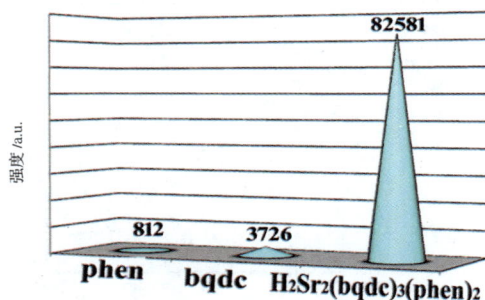

图 4.13　配体 phen、配体 H₂bqdc 和金属—有机配位化合物 (4) 的荧光发射强度图

　　所有的荧光测试均在相同条件下进行。在这里，化合物 (4) 荧光发射相对于配体的显著增强是值得思考的。

　　一般来说，第二配体的加入可能取代原二元配合物中的溶剂分子，从而减少 O—H 的高频伸缩振动导致的能量损失，使化合物荧光增强；第二配体还可能使金属中心离子的高配位数达到饱和，从而在一定程度上增强化合物的刚性，使化合物荧光增强；第二配体还可能参与了能量传递过程，使化合物荧光增强。然而，除了以上三点，根据实验结果和报道文献推测，在这里还有一个重要的原因是，螺旋桨分子构型能够最大程度地避免紧密的 π···π 强相互作用，使化合物荧光的非辐射能量损失有效降低，从而使化合物的荧光发射极大增强。另外，碱土金属由于配位形式灵活多变、空间结构繁杂差异，对于这类化合物的荧光性质研究也具有大的发展潜力。设计合成 s-MOCPs，利用中性小配体来满足其金属中心的高配位数，或利用大配体的空间位阻来助力配合物的稳定性，并对其进行表征，确定其结构组成、晶体结构和独特性质，进一步探寻其结构特征、电荷分布、荧光性能，以及后者与结构组成的关系，进而筛选出新的有应用前景的 S 区金属有机配位聚合物，对新型廉价功能材料的开发研究势必产生不同寻常的意义。

　　考虑到化合物 (4) 良好的荧光性能和稳定性，一些有机分子对人类健康和环境质量有潜在危害，我们对化合物 (4) 对有害有机分子的荧光响应展开实验研究。不同的有机分子包括氨基三唑（3-AT）、对二硝基苯（1,4-NB）、三硝基甲苯（TNT）、三乙胺（Et₃N）、己烷（hexane）、甲苯（PhMe）和乙酸乙酯（EtOAc）等被分别加入水中形成 $0.001\text{mol} \cdot \text{L}^{-1}$ 的溶液，同时，将化合物样品配成同样浓度的水溶液，搅拌半小时后，取出 3.5mL 倒入荧光比色皿中进行测试。一系列的荧光测试实验全部在同样条件下进行。

　　实验结果表明，以上有机分子发生不显著的荧光减弱。分别为 1,4-NB 的荧光强度降低了 40.57%，TNT 的荧光强度降低了 31.64%，EtOAc 的荧光强度降低了 12.81%，Hex 的荧光强度降低了 12.01%，PhMe 的荧光强度降低了 6.78%，Et$_3$N 的荧光强度降低了 9.10%，如图 4.14 和表 4.4 所示。

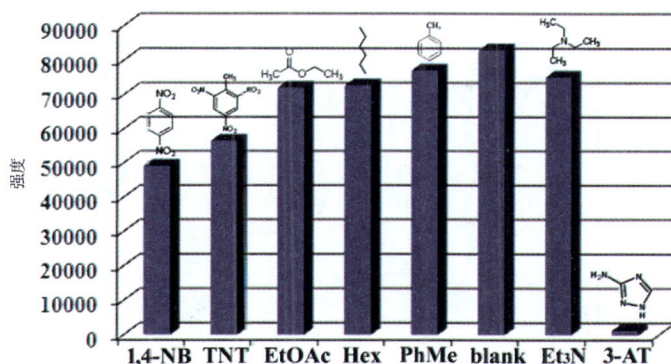

图 4.14　金属—有机配位化合物 (4) 与不同有机分子的荧光响应示意图

表 4.4　金属—有机配位化合物 (4) 与不同有机分子的荧光响应值

有机分子	结构式	荧光强度	猝灭效率
1,4-dinitro-benzen (1,4-NB)		49074.35	40.57%
2,4,6-trinitrotoluene (TNT)		56454.93	31.64%
ethyl acetate (EtOAc)		72003.75	12.81%
hexane (Hex)		72662.16	12.01%
Toluene (PhMe)		76985.08	6.78%
triethylamine (Et$_3$N)		75069.89	9.10%
amitrole (3-AT)		1175.41	98.58%

　　从实验结果明显可以看出，当化合物 (4) 与 3-AT 作用后，其荧光发射呈现出区别于其他有机分子的荧光变化，荧光猝灭了 98.58%。通过大量重复实验得

到相同的结果，该荧光猝灭现象清晰地揭示了化合物 (4) 可以在水环境中识别除草剂，即有机分子 3-AT，如图 4.15 所示。

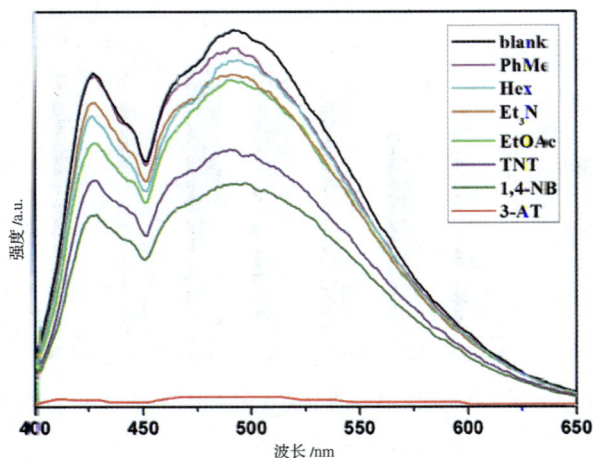

图 4.15　金属—有机配位化合物 (4) 与不同有机分子在 365nm 处激发的荧光响应图

化合物 (4) 被加入不同比例的四氢呋喃（THF）和己烷（hexane）的混合溶剂中后，进行荧光测试，以检测其荧光发射变化。实验结果显示，当样品浸入的混合溶液中良溶剂 THF 所占比例越多时，其荧光发射越弱，而当样品浸入的混合溶液中不良溶剂 hexane 所占比例越多时，其荧光发射越强，如图 4.16 所示。实验结果证明了化合物 (4) 是一种具有聚合诱导发光效应（AIE）的 s-MOCPs。

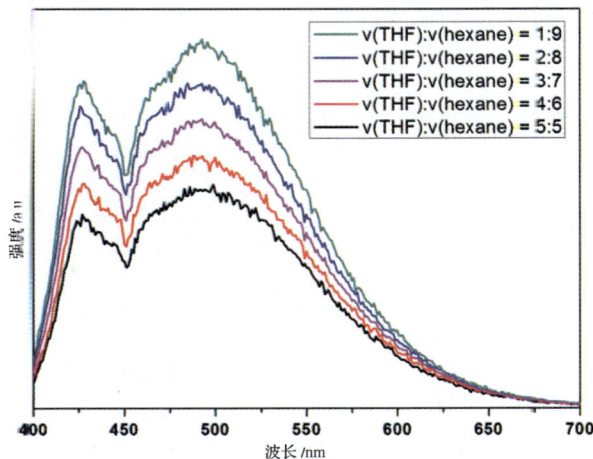

图 4.16　金属—有机配位化合物 (4) 在不同比例混合溶剂中的荧光强度变化图

当各有机分子与化合物 (4) 在溶液中相互作用时，在某种程度上，它们进一步稀释了样品，抑制了样品的聚合诱导荧光增强效应，因此各有机分子与化合物 (4) 作用后，均引起了各样品一定程度的荧光减弱。同时可以推测，当有机分子

3-AT 与化合物 (4) 作用时，其三个 N 活性位点可以通过竞争配位取代，与化合物 (4) 主体框架上的金属离子中心 Sr²⁺ 配位[71]。而当化合物 (4) 的配体被释放后，引起原荧光 MOCPs 的框架坍塌，同时荧光猝灭。对实验样品进行 XRD 分析，实验结果证实与有机分子 3-AT 作用后的化合物样品的 XRD 与单晶数据模拟的 XRD 谱图差异较大（图 4.17）。

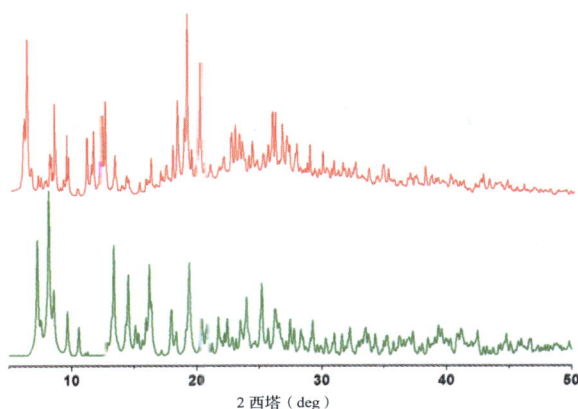

图 4.17　金属—有机配位化合物 (4) 与除草强作用后的 PXRD 图

此外，化合物 (4) 对有机分子的原位识别响应被研究。为简化检测过程，少量的晶态样品被铺在纸条上形成一个斑区，然后分别滴加各有机分子溶液，在很短的时间内，利用紫外灯可以清晰地观察到，滴加有机分子 3-AT 溶液的斑区荧光猝灭，而滴加其他有机分子溶液的斑区荧光无明显变化，如图 4.18 所示。这些荧光实验结果清晰地显示了化合物 (4) 有实时检测除草剂即有机污染物 3-AT 的应用潜能。

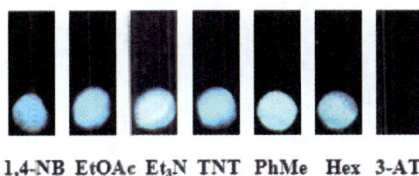

1,4-NB EtOAc Et₃N TNT PhMe Hex 3-AT

图 4.18　金属—有机配位化合物 (4) 在紫外光下与不同有机分子作用的荧光测试结果图

4.5　化合物（4）对金属离子的荧光传感研究

考虑到化合物 (4) 结构中具有路易斯碱活性位点 N 原子，可以与路易斯酸即金属离子产生相互作用，因此，进行了利用化合物 (4) 荧光传感检测有毒金属离子的实验研究。将 0.0005mmol 的干燥样品分别浸入 10mL 含有不同金属离子

MCl_x（M=Ba^{2+}、Pb^{2+}、Ni^{2+}、Zn^{2+}、Mn^{2+}、Sb^{2+}、Cu^{2+}、Fe^{3+} 和 Cd^{2+}）的 $0.001mol \cdot L^{-1}$ 的溶液中，搅拌 30min，然后离心收集晶态固体，在 100℃ 烘箱内干燥 1 小时后，将每份样品进行荧光测试实验。实验结果显示，当样品与 Ba^{2+}、Pb^{2+}、Ni^{2+}、Zn^{2+}、Mn^{2+}、Sb^{2+}、Cu^{2+} 和 Fe^{3+} 相互作用时，样品的荧光强度没有明显下降，实验所得猝灭效率按顺序分别为 17.12%、22.03%、12.20%、9.29%、6.37%、11.29%、3.46% 和 10.29%。然而，当样品与 Cd^{2+} 相互作用后，其荧光几乎完全猝灭，猝灭效率为 99.02%（图 4.19）。

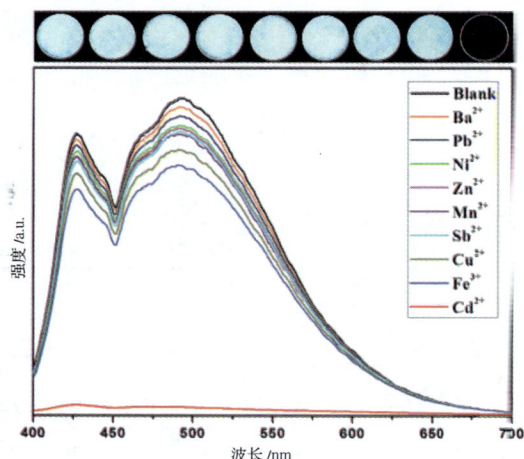

图 4.19　金属—有机配位化合物(4)与不同有毒金属离子作用的荧光响应图

通过实验，进一步比较分析了化合物(4)与不同金属离子在浓度范围为 $1.0 \times 10^{-9} \sim 1.0 \times 10^{-2} mol \cdot L^{-1}$ 的猝灭效应（图 4.20）。

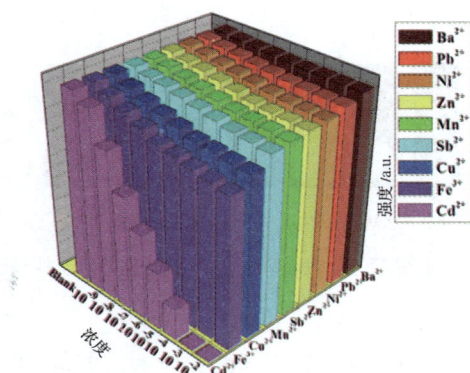

图 4.20　金属—有机配位化合物(4)与不同浓度金属离子作用后的荧光猝灭响应图

由荧光测试实验结果可知，随着金属离子浓度在 $1.0 \times 10^{-9} \sim 1.0 \times 10^{-2} mol \cdot L^{-1}$ 的逐渐增加，与金属离子作用后的化合物样品的荧光强度逐渐降低，猝灭效率逐渐增加，具体荧光实验数据如表 4.5 所示。

表 4.5　金属—有机配位化合物(4)与不同浓度金属离子作用后的荧光猝灭数据

项目	浓度 /mol·L^{-1}								
	0	1.00×10^{-9}	1.00×10^{-8}	1.00×10^{-7}	1.00×10^{-6}	1.00×10^{-5}	1.00×10^{-4}	1.00×10^{-3}	1.00×10^{-2}
Ba^{2+}	82581.26	81316.44	80917.84	80519.22	80120.62	79961.16	79881.44	79801.72	79723.66
猝灭效率	0.00%	1.53%	2.01%	2.50%	2.98%	3.17%	3.27%	3.37%	3.46%
Cu^{2+}	82581.26	79398.98	76661.08	74607.66	72554.24	70500.82	69816.34	69131.88	68446.34
猝灭效率	0.00%	3.85%	7.17%	9.66%	12.14%	14.63%	15.46%	16.29%	17.12%
Fe^{3+}	82581.26	79200.68	75981.14	72760.36	69542.06	68254.24	66966.44	65678.62	64390.82
猝灭效率	0.00%	4.09%	7.99%	11.89%	15.79%	17.35%	18.91%	20.47%	22.03%
Mn^{2+}	82581.26	80479.44	79754.40	78304.32	76854.24	75404.16	73954.08	73229.04	72504.54
猝灭效率	0.00%	2.55%	3.42%	5.18%	6.94%	8.69%	10.45%	11.32%	12.20%
Ni^{2+}	82581.26	80902.82	79779.16	78655.51	77531.86	76408.22	75659.10	75284.56	74910.86
猝灭效率	0.00%	2.03%	3.39%	4.75%	6.11%	7.48%	8.38%	8.84%	9.29%
Pb^{2+}	82581.26	81180.18	80408.64	79635.48	78862.32	78089.16	77702.58	77470.64	77317.52
猝灭效率	0.00%	1.70%	2.63%	3.57%	4.50%	5.44%	5.91%	6.19%	6.37%
Sb^{2+}	82581.26	81317.94	79852.74	78387.56	76922.38	75457.18	74724.58	73993.74	73259.45
猝灭效率	0.00%	1.53%	3.30%	5.08%	6.85%	8.63%	9.51%	10.40%	11.29%
Zn^{2+}	82581.26	80752.32	80011.48	78529.78	77048.08	75566.44	74825.54	74455.12	74084.71
猝灭效率	0.00%	2.21%	3.11%	4.91%	6.70%	8.49%	9.39%	9.84%	10.29%
Cd^{2+}	82581.26	78020.36	64390.80	49062.52	36796.34	24530.36	13492.38	816.72	813.09
猝灭效率	0.00%	5.52%	22.03%	40.59%	55.44%	70.30%	83.66%	99.01%	99.02%

通过进一步实验研究了化合物 (4) 对于不同浓度的 Cd^{2+} 的传感变化情况，荧光测试实验结果显示，样品的荧光强度在 Cd^{2+} 浓度为 $10^{-9}mol \cdot L^{-1}$ 时略有降低，说明了本章所合成化合物具有灵敏的检测能力。当 Cd^{2+} 的浓度达到 $10^{-2}mol \cdot L^{-1}$ 时，可以看出，样品的荧光几乎完全猝灭（99.02%），进一步增加 Cd^{2+} 的浓度，荧光强度没有变化（图 4.21）。

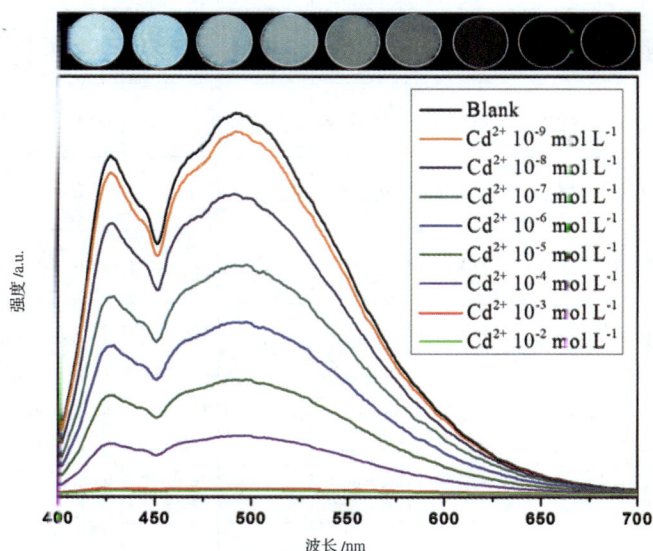

图 4.21　金属—有机配位化合物 (4) 与不同浓度 Cd^{2+} 作用后的荧光响应图

大量的重复实验结果证实了本传感体系有同样的荧光传感效果，显示了化合物 (4) 是一种有潜力的传感材料，能够在混合金属离子溶液中检测镉离子（图 4.22）。检测限为 $1 \times 10^{-9}mol \cdot L^{-1}$，相当于 $0.0002mg \cdot L^{-1}$（按 $CdCl_2$ 计算），低于美国国家环保局规定的饮用水中镉含量的标准（$0.0050mg \cdot L^{-1}$）[72-73]。

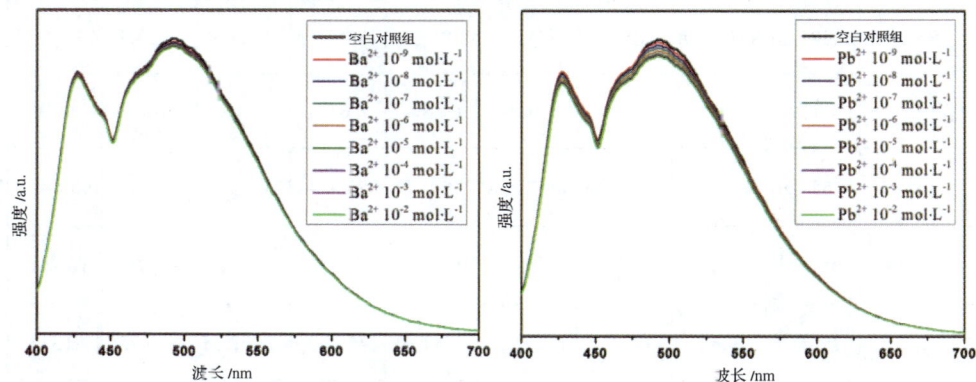

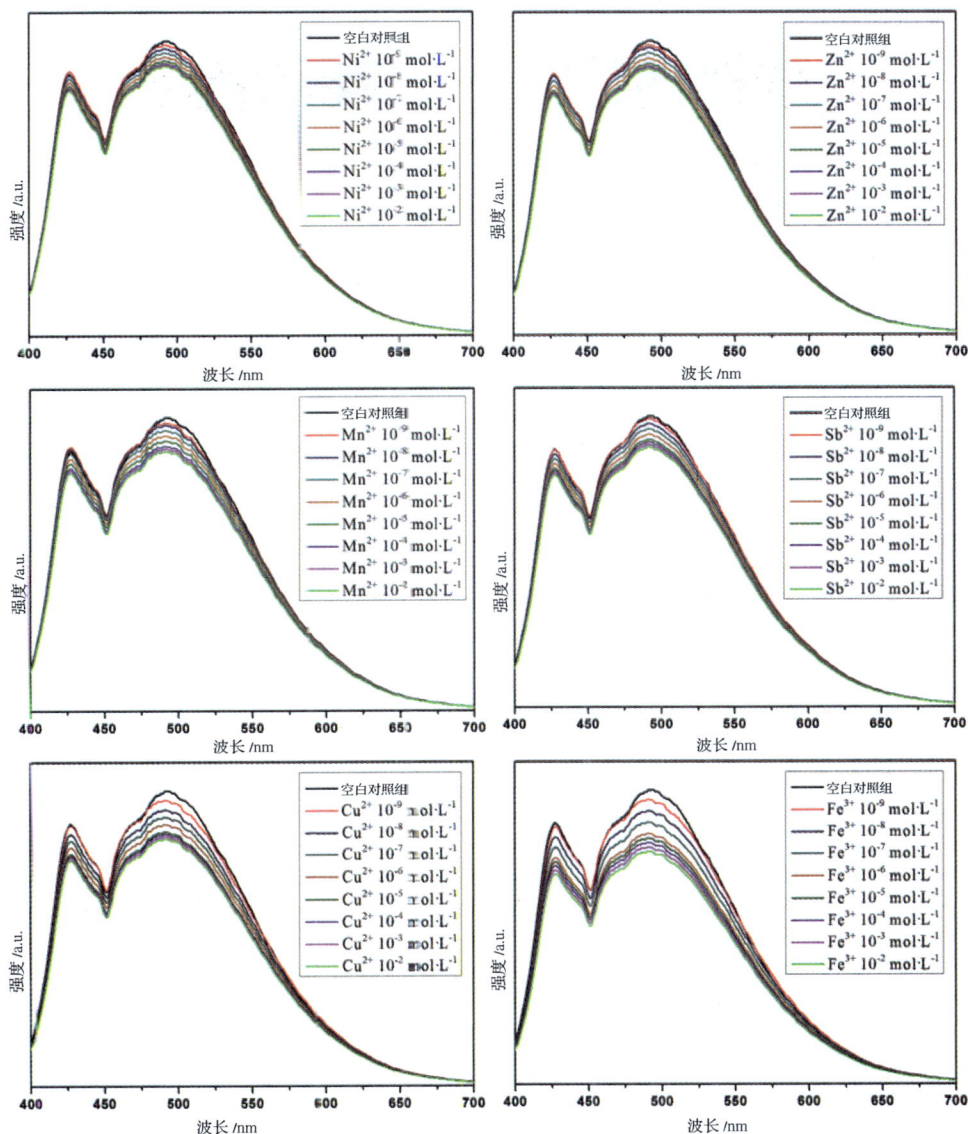

图 4.22　金属—有机配位化合物 (4) 与不同浓度的不同金属离子作用后的荧光响应

化合物 (4) 对 Cd^{2+} 的选择性荧光猝灭传感是有迹可循的。构筑化合物 (4) 所使用的混合配体之一，H_2dqdc 配体的重要结构特征之一是它杂环上的 N 活性位点，它们在化合物的孔道中被保持。分析化合物 (4) 对金属离子 Cd^{2+} 的猝灭机理可以推断，N 活性位点与客体金属离子之间的相互作用促生了传感效应，模拟过程如图 4.23 所示。化合物孔道中的 N 活性位点与 Cd^{2+} 之间强的相互作用可以最大程度地扰乱配体的电子结构，增强配体到 Cd^{2+} 的能量转移效率，促进样品分子内能量转移，从而导致荧光猝灭。类似的研究工作在我们课题组之前的报道中被提及[74-75]。

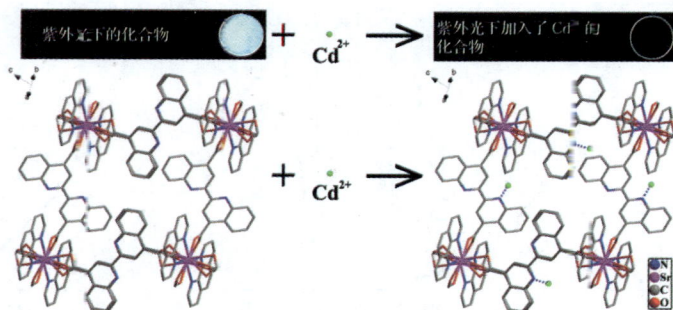

图 4.23　金属有机配位聚合物对 Cd^{2+} 的传感机理图

可进行传感应用材料的重复利用性对其商业可能性非常重要[76-77]。在传感金属离子 Cd^{2+} 的研究过程中，用乙醇或水清洗发现，化合物 (4) 表现出重复循环使用能力，而且在重复活化四次后性质仍然稳定（图 4.24）。这被红外光谱和粉末衍射分析所证实（图 4.25 和图 4.26）。这些实验结果显示了化合物 (4) 有易于重复利用和再回收的优秀性能。

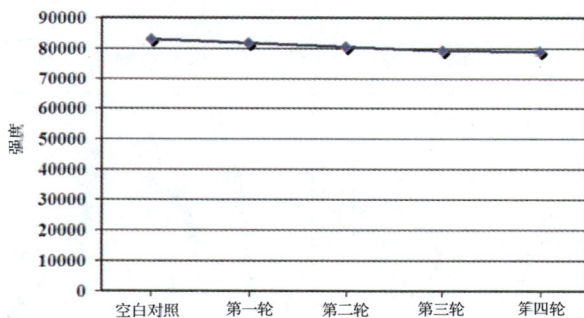

图 4.24　金属—有机配位化合物 (4) 在 Cd^{2+} 金属离子传感中的重复使用结果图

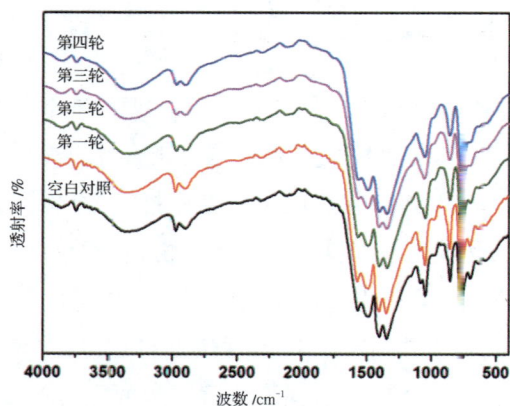

图 4.25　金属—有机配位化合物 (4) 进行 4 个荧光传感循环后的红外光谱图

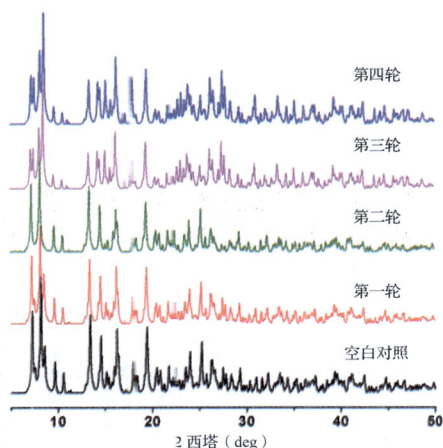

图 4.26 金属—有机配位化合物 (4) 进行 4 个荧光传感循环后的 PXRD 谱图

4.6 本章小结

本章中，我们通过利用不发光的 S 区碱土金属离子 Sr^{2+} 和两个荧光发射很弱的配体 H_2bqdc、phen 合成了新颖的 s-MOCPs：$H_2Sr_2(bqdc)_3(phen)_2$，其具有螺旋桨分子构型，可以避免紧密的 $\pi\cdots\pi$ 堆积作用，从而降低非辐射能量损失，从而使化合物 (4) 的荧光发射与单独配体相比显著增强。

大量实验结果表明，具有路易斯碱活性位点的化合物 (4) 可以作为对有机污染物除草剂 3-AT 和有毒金属离子 Cd^{2+} 的荧光传感材料（图 4.27）。同时，其荧光传感机理被详细研究，猝灭效应呈现了竞争配位取代和分子内能量转移。强的荧光强度，选择性的荧光变化，适宜的稳定性和灵敏的检测使化合物 (4) 作为荧光 s-MOCPs 成为有前景的传感器材料候选者，以在水环境中特异识别有机污染物 3-AT 和有毒的 Cd^{2+}。此外，为高效和方便地识别目标分析物，有机污染物 3-AT 可以利用紫外灯和测试条方便检测，Cd^{2+} 能够以良好的再生能力被重复使用，并达到了低于美国国家环境保护局规定的检测限。

本章工作可以被认为是致力于发展新型 s-MOCPs 传感器材料的重要一步，对于指导基于混合配体和 S 区金属离子的 MOCPs 的合成、荧光性质的理论预测以及合理选择第二配体以进一步提高 s-MOCPs 的荧光性能、降低传感材料的使用成本等，都具有重要的理论意义和应用价值。进一步研究将致力于调制基于混合配体的 MOCPs 的荧光性能，尤其是基于 S 区金属离子和混合配体的 MOCPs 的传感应用。如何构筑基于 S 区金属离子和混合配体的稳定 MOCPs，如何选择、搭配和提高所构筑的 MOCPs 的荧光性能，第一配体和第二配体之间是否存在合适的能级匹配关系，以及是否存在其他能够提高分子内能量传递效率的途径，这些是我们需要继续深入研究和探讨的问题，在这一方向的理论和实验研究工作正在进行中。

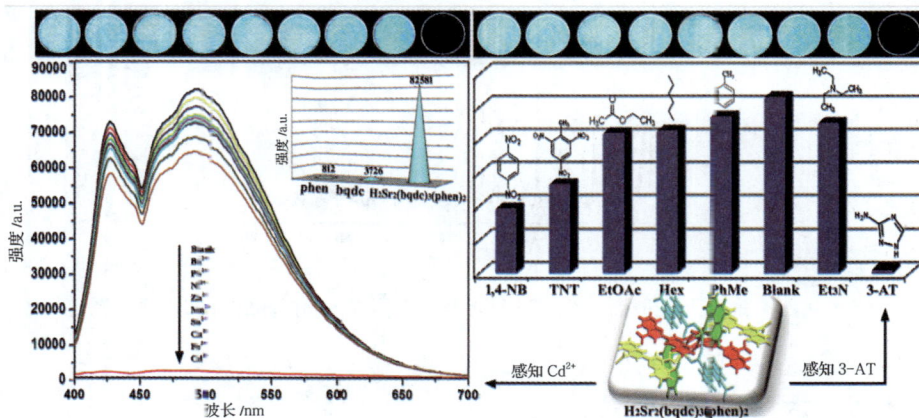

图 4.27　本章主要内容示意图

参考文献

[1] Khan N A, Hasan Z, Jhung S H. Adsorptive removal of hazardous materials using metal-organic frameworks(MOFs):A review [J]. J. Hazard. Mater., 2013(244-245):444-456.

[2] Järup L. Hazards of heavy metal contamination [J]. British medical bulletin, 2003(68):167-182.

[3] Bao L j, Keith A M, Shane A S, China's water pollution by persistent organic pollutants [J]. Environ. Pollut., 2012(163):100-108.

[4] Fontecha-Cámara M A, López-Ramón M V, Álvarez-Merino M A, et al. Effect of surface chemistry, solution pH, and ionic strength on the removal of herbicides diuron and amitrole from water by an activated carbon fiber [J]. Langmuir, 2007(23):1242-1247.

[5] Fontecha-Cámara M A, Álvarez-Merino M A, Carrasco-Marín F, et al. Heterogeneous and homogeneous Fenton processes using activated carbon for the removal of the herbicide amitrole from water [J]. Appl. Catal. B, 2011(101):425-430.

[6] Liu Q, Feng L, Yuan C, et al. A highly selective fluorescent probe for cadmium ions

in aqueous solution and living cells [J]. Chem. Commun., 2014(50):2498–2501.

[7]　Fu J, Zhou Q, Liu J, et al. High levels of heavy metals in rice(Oryzasativa L.) from a typical E-waste recycling area in southeast China and its potential risk to human health [J]. Chemosphere, 2008(71):1269–1275.

[8]　Li J, Kuang D, Feng Y, et al. A graphene oxide-based electrochemical sensor for sensitive determination of 4-nitrophenol [J]. J. Hazard. Mater., 2012(201–202):250–259.

[9]　Cizek K, Prior C, Thammakhet C, et al. Integrated explosive preconcentrator and electrochemical detection system for 2, 4, 6-trinitrotoluene(TNT) vapor [J]. Anal. Chim. Acta, 2010(661):117–121.

[10]　Lin K K, Chua S J, Wang W. Degradation mechanisms in electrically stressed organic light-emitting devices [J]. Thin Solid Films, 2002(417):36–39.

[11]　Mu R, Shi H, Yuan Y, et al. Fast separation and quantification method for nitroguanidine and 2, 4-dinitroanisole by ultrafast liquid chromatography-tandem mass spectrometry [J]. Anal. Chem., 2012(84):3427–3432.

[12]　Hodyss R, Beauchamp J L. Multidimensional detection of nitroorganic explosives by gas chromatography-pyrolysis-ultraviolet detection [J]. Anal. Chem., 2005(77):3607–3610.

[13]　Najarro M, Davila Morris M E, Staymates M E, et al. Optimized thermal desorption for improved sensitivity in the trace explosives detection by ion mobility spectrometry [J]. Analyst, 2012(137):2614–2622.

[14]　Wasser J, Berman T, Lerner-Geva L, et al. Biological monitoring of persistent organic pollutants in human milk in Israel [J]. Chemosphere, 2015(137):185–191.

[15]　Li G W, Zhang L H, Li Z W, et al. PAR immobilized colorimetric fiber for heavy metal ion detection and adsorption [J]. J. Hazard. Mater., 2010(177):983–989.

[16]　Kalyan Y, Pandey A K, Bhagat P R, et al. Membrane optode for mercury(Ⅱ) determination in aqueous samples [J]. J. Hazard. Mater., 2009(166):377–382.

[17]　Shafeekh K M, Rahim M K, Basheer M C, et al. Highly selective and sensitive colorimetric detection of Hg^{2+} ions by unsymmetrical squaraine dyes [J]. Dyes Pigm., 2013(96):714–721.

[18]　Shokrollahi A, Ghaedi M, Niband M S, et al. Selective and sensitivespectro-photometric method for the determination of the sub-micro-molar amounts of

aluminium ion [J]. J. Hazard. Mater., 2008(151):642-648.

[19] Homem V, Santos L. Degradation and removal methods of antibiotics from aqueous matrices [J]. J. Environ. Manage., 2011(92):2304-2347.

[20] Chen W, Zuckerman N B, Konopelski J P, et al. Pyrene-functionalized ruthenium nanoparticles as effective chemosensors for nitroaromatic derivatives [J]. Anal. Chem., 2009(82):461-465.

[21] Basabe-Desmonts L, Reinhoudt D N, Crego-Calama M. Design of fluorescent materials for chemical sensing [J]. Chem. Soc. Rev., 2007(35):993-1017.

[22] Liu T, Zhao K, Liu K, et al. Synthesis, optical properties and explosive sensing performances of a series of novel π-conjugated aromatic end-capped oligothiophenes [J]. J. Hazard. Mater., 2013(246-247):52-60.

[23] Yang J, Li J, Hao P, et al. Synthesis, optical properties of multi donor-acceptor substituted AIE pyridine derivatives dyes and application for Au^{3+} detection in aqueous solution [J]. Dyes Pigm., 2015(116):97-105.

[24] Cui Y, Chen B, Qian G. Lanthanide metal-organic frameworks for luminescent sensing and light-emitting applications [J]. Coord. Chem. Rev., 2014(273-274):76-86.

[25] Hu Z, Lustig W P, Zhang J, et al. Effective detection of mycotoxins by a highly luminescent metal-organic framework [J]. J. Am. Chem. Soc., 2015(137):16209-16215.

[26] Meyers R A.Encyclopedia of physical science and technology(Third edition)[M]. New York:Academic Press, 2001.

[27] Zhou Y, Zhang J, Zhou H, et al. A highly sensitive and selective "off-on" chemosensor for the visual detection of Pd^{2+} in aqueous media [J]. Sens. Actuators B, 2012(171-172):508-514.

[28] Zhou J M, Shi W, Li H M, et al. Experimental studies and mechanism analysis of high-sensitivity luminescent sensing of pollutional small molecules and ions in Ln_4O_4 cluster based microporous metal-organic frameworks [J]. J. Phys. Chem. C 2013(118):416-426.

[29] Vallejos S, Muñoz A, Ibeas S, et al. Selective and sensitive detection of aluminium ions in water via fluorescence "turn-on" with both solid and water soluble sensory polymer substrates [J]. J. Hazard. Mater., 2014(276):52-57.

[30] Wang C, Tao S Y, Wei W. et al. Multifunctional mesoporous material for detection, adsorption and removal of Hg^{2+} in aqueous solution [J]. J. Mater. Chem., 2010(20):4635-4641.

[31] Liu C, Song X, Rao X, et al. Novel triphenylamine-based cyclometalated platinum(II) complexes for efficient luminescent oxygen sensing [J]. Dyes Pigm., 2014(101):85-92.

[32] Li Y, Zhang S, Song D. A luminescent metal-organic framework as a turn-on sensor for DMF vapor [J]. Angew. Chem. Int. Ed., 2013(125):738-741.

[33] Li R, Yuan Y P, Qiu L G, et al. A rational self-sacrificing template route to metal-organic framework nanotubes and reversible vapor-phase detection of the nitroaromatic explosives [J]. Small. 2012(8):225-230.

[34] Hu X M, Chen Q, Zhou D, et al. One-step preparation of fluorescent inorganic-organic hybrid material used for explosive sensing [J]. Polym. Chem., 2011(2):1124-1128.

[35] Xu X Y, Yan B. Eu(III) functionalized Zr-based metal-organic framework as excellent fluorescent probe for Cd^{2+} detection in aqueous environment [J]. Sens. Actuators B, 2016(222):347-353.

[36] Xu Z, Xu L. Fluorescent probes for the selective detection of chemical species inside mitochondria [J]. Chem. Commun., 2016(52):1094-1119.

[37] Wang M, Meng G, Huang Q. Spinach-extracted chlorophyll-a modified peanut shell as fluorescence sensors for selective detection of Hg^{2+} in water [J]. Sens. Actuators B, 2015(209):237-241.

[38] Müller-Buschbaum K, Beuerle F, Feldmann C. MOF based luminescence tuning and chemical/physical sensing [J]. Microporous Mesoporous Mater, 2015(216):171-199.

[39] Shustova N B, Cozzolino A F, Reineke S, et al. Selective turn-on ammonia sensing enabled by high-temperature fluorescence in metal-organic frameworks with open metal sites [J]. J. Am. Chem. Soc., 2013(135):13326-13329.

[40] Habib H A, Sanchiz J, Janiak C. Mixed-ligand coordination polymers from 1,2-bis(1,2,4-triazol-4-yl)ethane and benzene-1,3,5-tricarboxylate:Trinuclear nickel or zinc secondary building units for three-dimensional networks with crystal-to-crystal transformation upon dehydration [J]. Dalton Trans,

2008(13):1734-1744.

[41] Dikarev E V, L. B, Zhang H. Tuning the properties at heterobimetallic core: Mixed-ligand Bismuth-Rhodium paddlewheel carboxylates [J]. J. Am. Chem. Soc., 2006, 128(9):2814-2815.

[42] Gurunatha K L. Maji T K. Guest-induced irreversible sliding in a flexible 2D rectangular grid with selective sorption characteristics [J]. Inorg. Chem., 2009, 48(23):10886-10888.

[43] Du M, Jiang X J, Zhao X J. Controllable assembly of metal-directed coordination polymers under diverse conditions: A case study of the M II-H₃tma/Bpt mixed-ligand system [J]. Inorg. Chem., 2006, 45(10):3998-4006.

[44] Du M, Zhang Z H, Zhao X J. Cocrystallization of trimesic acid and pyromellitic acid with bent dipyridines [J]. Crystal Growth & Design, 2005, 5(3):1247-1254.

[45] Ma L F, Wang L Y, Du M, et al. Unprecedented 4- and 6-connected 2D coordination networks based on 44-subnet tectons, showing unusual supramolecular motifs of rotaxane and helix [J]. Inorg. Chem., 2010, 49(2):365-367.

[46] Farha O K, Malliakas C D, Kanatzidis M G, et al. Control over catenation in metal-organic frameworks via the rational design of the organic building block [J]. J. Am. Chem. Soc., 2010, 132(3):950-952.

[47] Habib H A, Hoffmann A. Hoppe H A, et al. Crystal structures and solid-state CPMAS 13C NMR correlations in luminescent zinc(I) and cadmium(II) mixed-ligand coordination polymers constructed from 1,2-bis(1, 2, 4-triazol-4-yl)ethane and the benzenedicarboxylate [J]. Dalton Trans., 2009(10):1742-1751.

[48] Gadzikwa T. Zeng B S, Hupp J T, et al. Ligand-elaboration as a strategy for the engendering structural diversity in the porous metal-organic framework compounds [J]. Chem. Commun., 2008(31):3672-3674.

[49] He Y, Kang Z H, Li Q S, et al. Inside cover:Ultrastable, highly fluorescent, and water-dispersed silicon-based nanospheres as cellular probes [J]. Angew. Chem. Int. Ed., 2009,48(1):2-6

[50] Nouar F, Eubank J F, Bousquet T, et al. Supermolecular building blocks(sbbs) for the design and synthesis of highly porous metal-organic coordination polymers [J] J. Am. Chem. Soc., 2008, 130(6):1833-1835.

[51] McManus G J, Wang Z. Beauchamp D A, et al. A novel metal-organic ternary

topology constructed from triangular, square and tetrahedral molecular building blocks [J]. Chem. Commun., 2007(48):5212-5213.

[52] Hong Y, Lam J W, Tang B Z, Aggregation-induced emission [J]. Chem. Soc. Rev., 2011(40):5361-5388.

[53] Luo J, Xie Z, Lam J W. Aggregation-induced emission of 1-methyl-1, 2, 3, 4, 5-pentaphenylsilole [J]. Chem. Commun., 2001,1740-1741.

[54] Ding D, Li K, Liu B, et al. Bioprobes based on AIE fluorogens [J]. Acc. Chem. Res., 2013(46):2441-2453.

[55] Mei J, Hong Y, Lam J W. Aggregation-Tnduced emission:The whole is more brilliant than the parts [J]. Adv. Mater., 2014(26):5429-5479.

[56] Hong Y, Lam J W, Tang B Z. Aggregation-induced emission:Phenomenon, mechanism and applications [J]. Chem. Commun., 2009(29):4332-4353.

[57] Jin F, Pan C, Zhang W, et al. Enhanced two-photon excited fluorescence of mercury complexes with a conjugated ligand:Effect of the central metal ion [J]. J. Lumin., 2016(172):264-269.

[58] Goswami P, Das D K. N, N, N, N-tetradentate macrocyclic ligand based selective fluorescent sensor for Zinc(II) [J]. Journal of Fluorescence, 2012(22):1081-1085.

[59] Xu Y H, Lan Y Q, Wang X L, et al. Self-assembly of zinc polymers based on a flexible linear ligand at different pH values:Syntheses, structures and fluorescent properties [J]. Solid State Sci., 2009(11):635-642.

[60] Yang W, Teng X L, Chen M, et al. Determination of trace europium based on new fuorimetric system of Europium(III) with thenoyltrifluoroacetone and N,N'-dinaphthyl-N,N'-diphenyl-3,6-dioxaoct-anediamide [J]. Talanta,1998(46):527-532.

[61] Juskowiak B, Grzybowska I, Galezowska E, et al. Enhanced Fluorescence of the Eu^{3+}-naphthalenediimide derivative-phenanthroline ternary complex and the determination of DNA [J]. Analytica Chimica Acta, 2004, 512(1):133-139.

[62] Matthes P R, Nitsch J, Kuzmanoski A, et al. The series of rare earth complexes $[Ln_2Cl_6(mu-4,4'-Bipy)(py)_6]$. Ln=Y, Pr, Nd, Sm-Yb:A molecular model system for luminescence properties in mofs based on $LnCl_3$ and 4,4'-bipyridine [J]. Chemistry-A European Journal, 2013,19(51):17369-17378.

[63] Zhao X Q, Wang H ,Dong L J, et al. Assembly of rare-earth complex $[Eu(Bipy)_2]$ and

[Tb(Bipy)$_2$] on surface modified exfoliated ldhs and photoluminescent properties of the assemblies [J]. Chemical Journal of Chinese Universities-Chinese, 2013, 34(6):1318-1326.

[64] Deacon G B, Junk P C, Leary S G, et al. Expanding the series of [RE$_2$Ca(OQ)$_8$] structures:New heterobimetallic rare earth/alkaline earth 8-quinolinolate complexes [J]. Zeitschrift Fur Anorganische Und Allgemeine Chemie, 2012, 638(12-13):2001-2007.

[65] Guo C C, Lang A D, Wang L, et al. The co-luminescence effect of a Europium(Ⅲ)-Lanthanum(Ⅲ)-Gatifloxacin-Sodium dodecylbenzene sulfonate system and its application for the determination of trace amount of Europium(Ⅲ) [J]. Journal of Luminescence, 2010, 130(4):591- 597.

[66] Yang T L, Qin W W, Liu W S. Determination of trace europium(Ⅲ) based on a new fluorescence enhancement system of europium(Ⅲ) with N,N'-Bis-(4-N-aminothiourea-2-amylidene)-4,4 '-diaminodiphenyl sulfone by EDTA or alumin in N,N-dimethylformamide [J].Journal of Analytical Chemistry, 2005(60):325-329.

[67] N. F. M. Henry, K. Lonsdale. International tables for X-ray crystallography[M]. Birmingham:Kynoch Press, 1952.

[68] Sheldrick, G. M. SHELXS-97:Programs for crystal structure solution[M]. Götingen:University of Götingen, 1997.

[69] Spek A L. PLATON, A multipurpose crystallographic tool[M]. Utrecht university, 2001.

[70] Robin A Y,Fromm K M,Coordination polymer networks with O- and N-donors:What they are,why and how they are made [J].Coord. Chem. Rev., 2006(250):2127-2157.

[71] Guo Y, Feng X, Han T, et al. Tuning the luminescence of metal-organic frameworks for detection of energetic heterocyclic complexs [J]. J. Am. Chem. Soc., 2014(136):15485-15488.

[72] Taki M, Desaki M, Ojida A, et al. Luminescence imaging of intracellular cadmium using a dual-excitation ratiometric chemosensor [J]. J. Am. Chem. Soc., 2008(130):12564-12565.

[73] Huang Y, Keller A A. EDTA functionalized magnetic nanoparticle sorbents for

cadmium and lead contaminated water treatment [J]. Water Res., 2015(80):159-168.

[74] He D F, Tang Q, Liu S M, et al. White-light emission by selectively encapsulating the single lanthanide metal ions into alkaline earth metal-organic coordination polymers [J]. Dyes Pigm., 2015(122):317-323.

[75] Tang Q, Liu S, Liu Y, et al. Cation sensing by a luminescent metal-organic framework with multiple lewis basic sites [J]. Inorg. Chem., 2013(52):2799-2801.

[76] Fung E H, Park Y J. TinyONet:A cache-based sensor network bridge enabling sensing data reusability and customized wireless sensor network services [J]. Sensors, 2008(12):7930-7950

[77] Liu W W,Song Y L,Yao K S.Thermal-induced formation of a three-dimensional nanoplasmonic sensor from Ag nanocubes with high stability and reusability [J]. Chem. Eur. J., 2014(20):3636-3645.

第五章　离子型 s-MOCPs 的合成、结构及荧光调控研究

由于在固态发光、全彩显示屏和有效照明中的特性应用，白光发射材料与器件备受瞩目[1-4]。目前，已有金属复合物[5-8]、无机金属材料[9-13]、有机小分子[14-15]、纳米晶以及量子点[16-18]以及各种聚合物等[19]被研究用于白光发射材料和器件。同时，由于其在白发光射中表现出应用前景，具有良好的结构定义、致密的孔结构、优良的稳定性和潜在的光学性能的金属有机配位聚合物（MOCPs）引起了广泛关注[20]。目前，只有少数 MOCPs 的荧光能够白光发射，大部分基于三原色原理，通过引入特色发光的稀土金属离子，形成红、绿、蓝三种荧光，调控其比例使化合物白光发射[21-25]。因此，稀土金属离子频繁出现在白光发射的 MOCPs 的设计合成中，尤其是具有特性绿光发射的稀土金属离子 Tb^{3+} 和红光发射的稀土金属离子 Eu^{3+} 经常被用采与蓝光发射的配体构筑含有三原色的 MOCPs[26-27]。

研究者们一直渴望探索一条设计和优化白光发射的 MOCPs 的可行之路。在这方面的研究已有大量由稀土元素构成的荧光性质可调的 MOCPs 被合成和报道[28-34]。事实上，就我们课题组前期的研究工作来看，选择具有合适荧光发射的配体，利用 S 区金属离子来构筑单色的 S 区金属有机配位聚合物（s-MOCPs），然后再引入合适的稀土金属离子来调制白光发射的 s-MOCPs 是合理可行的[35]。然而，引入的稀土金属离子很可能与 MOCPs 中的配体配位，这可能会导致 MOCPs 的结构发生改变，也可能会引起 MOCPs 内部强的能量转移，从而使白光调制更加复杂。因此，采用合适的引入稀土金属离子的方法十分重要。很明显，离子交换法可以被认为是一种合适的方法，可以尽量避免稀土金属离子与化合物框架发生强的相互作用和能量交换。事实上，离子交换法在探索基于碱金属的具有荧光性

质的 s-MOCPs 的研究中未被使用过。

与传统发光材料相比，MOCPs 发光材料在组成、结构、性能方面有很大的不同 [36-38]。MOCPs 配位键强度较适中，具有良好定义的更可预测的均匀有序的结构，可以产生稳定而丰富的发光性质。

具有较强的蓝光发射的配体通常被选择作为蓝原色，而且几乎所有的蓝原色配体的荧光发射都直接被利用，激发波长不经过调整。然而，为了使配体的荧光更合适化合物整体的荧光调控，可以通过调整激发波长对其进行优化，从而获得所需的原色。这样更有利于使整体 MOCPs 的光发射体系进行白光发射。当然，这些都是基于配体的荧光发射强度足够强，能够支持在优化激发波长后所引起的发射强度减弱。

一般认为，碱金属有机配位聚合物在应用功能上没有竞争力，而且由于 Cs^+ 电荷小，体积大，没有稳定的配位场，基于金属离子 Cs^+ 的 MOCPs 难以合成，因此关于 Cs-MOCPs 的研究工作较少 [39-41]。但事实上，如前所述，为了降低 MOCPs 荧光发射颜色调控的复杂度，MOCPs 的金属节点可以尝试选择那些对于配体的荧光发射不产生影响的金属离子，其中，S 区金属离子具有成本低、大量生产和使用耗资少的优势。

基于以上考虑，本章在课题组基于具有荧光性质的 s-MOCPs 方面的研究工作基础上，利用具有强蓝光发射的配体 H_3BTPCA（2,4,6-三异哌啶酸-1,3,5-三嗪）和不具有荧光性质的 S 区金属离子 Cs^+，设计合成了离子型 s-MOCPs：$(NH_4)_3[Cs_3(BTPCA)_2(DMF)_3](5)$。并通过离子交换后合成方法，分别以不同浓度的稀土金属离子 Tb^{3+} 和 Eu^{3+} 对化合物荧光颜色进行调控，并进行了以稀土金属离子 Tb^{3+} 和 Eu^{3+} 双离子交换对化合物的白光发射调控研究。

$$(NH_4)_3[Cs_3(BTPCA)_2(DMF)_3] \qquad (5)$$

5.1 化合物（5）的合成

按照文献方法合成了配体 H_3BTPCA，详见第二章：化合物 (2) 的合成 [42]。将 H_3BTPCA（0.027g，0.06mmol）、碳酸铯（0.029g，0.09mmol）、DMF（6mL）、EtOH（3mL）、$NH_3 \cdot H_2O$（0.2mL）的混合溶液搅拌 1 小时后，以 80% 的填充度将溶液转入 15mL 的聚四氟乙烯反应釜，在 100℃ 烘箱内反应 6 天后，以每小时 5℃ 的速度降至 100℃ 后，关闭烘箱冷却至室温。开釜后可获得乳浊液和无色片状晶体，经超声洗涤、过滤、干燥后，产率为 52%（基于配体 H_3BTPCA 的量计算）。元素分析（$C_{51}H_{84}N_{18}O_{15}Cs_3$）理论计算值：C，38.57%；H，5.33%；N，15.88%；实验值：C，38.36%；H，5.39%；N，15.73%。红外光谱（KBr 压片，cm^{-1}）：3494（s），2940（s），1676（s），1537（s），1309（s），1186（s），1029（s），927（s），804（s），522（s）。

5.2　X- 射线衍射晶体学数据

选取一颗大小适度、形状规则、晶质良好的晶体，将其封装于毛细玻璃管，固定于 X- 射线衍射仪，入射光源为石墨单色化 M_o-K_α 的射线，在低温下对合理的衍射点进行收集，对所收集到的数据进行还原校正和吸收校正（Saint 和 Sadabs 程序包），对晶体的结构进行直接法解析。解析过程中综合运用 Wingx、Shelxl 97 程序包及 Olex 2，并用 Shelxl 97 程序包进行最小二乘法精修校正。

化合物 (5)：将尺寸为 0.24mm×0.26mm×0.12mm 的无色片状单晶用凡士林包裹后，封装于毛细玻璃管。采用 Bruker Smart-CCD Ⅱ 衍射仪，M_o-K_α（$\lambda=0.71069$Å），在 293（2）K 的温度下进行单晶衍射数据收集。h 值 k 值 l 值范围：$-19 \leq h \leq 19$，$-31 \leq k \leq 27$，$-5 \leq l \leq 9$，θ 范围：$1.92° < \theta < 28.39°$。化合物 (5) 的实验条件、结构解析及其数据修正方法和晶体学数据[43-44] 列于表 5.1 中。重要键长键角表分别列于表 5.2 和表 5.3 中。

表 5.1　金属—有机配位化合物 (5) 的晶体学数据和结构数据表

项目	数据
分子式	$C_{51}H_{84}N_{18}O_{15}Cs_3$
分子量 (g·mol^{-1})	1588.04
T (K)	293(2)
波长 (Å)	0.71069
晶体系统	三斜晶体
空间群	P -1
a (Å)	15.009(5)
b (Å)	15.717(5)

续表

项目	数据
c (Å)	16.170(5)
α (°)	64.991(5)
β (°)	85.861(5)
γ (°)	81.675(5)
V (Å³)	3420.1(19)
Z	2
晶体密度 (g·cm⁻³)	1.492
μ (mm⁻¹)	1.658
F(000)	1542.0
θ 范围 (°)	1.92—28.39
F^2 的拟合度	1.055
R_1 $[I > 2\sigma(I)]$	0.0857
wR_2 (所有数据)	0.2173

注：$R_1 = \Sigma\|F_o\|-\|F_c\|/\Sigma\|F_o\|$；

$wR_2 = \{\Sigma[w(F_o^2-F_c^2)^2]/\Sigma[w(F_o^2)^2]\}^{1/2}$。

表 5.2　金属—有机配位化合物 (5) 的键长表 ❶

键名	键长	键名	键长
Cs(1)—O(1)	3.222(6)	Cs(3)—O(15)#1	3.206(18)
Cs(1)—O(4)#6	3.158(7)	Cs(3)—O(3)#1	3.233(6)
Cs(1)—O(12)#5	2.988(8)	O(2)—Cs(2)#9	3.163(6)
O(3)—Cs(3)#1	3.233(6)	O(15)—Cs(3)#1	3.206(18)
Cs(1)—O(5)#3	3.250(8)	O(3)—Cs(2)#7	3.433(7)

❶　对称码：#1 -x+1,-y+1,-z+1; #2 -x+2,-y+1,-z+1; #3 -x+1,-y-1,-z+2;#4 x,y-2,z+1; #5 -x+2,-y,-z+1; #6 x,y+1,z-1; #7 x-1,y,z; #8 x,y-1,z+1;#9 -x+1,-y,-z+2; #10 x+1,y,z; #11 -x+2,-y,-z+2; #12 x,y+2,z-1。

键名	键长	键名	键长
Cs(1)—O(13)#1	3.397(13)	O(4)—Cs(1)#8	3.158(7)
Cs(1)—O(11)#7	3.481(10)	O(5)—Cs(3)#4	3.035(7)
O(11)—Cs(3)#2	3.166(7)	O(5)—Cs(1)#3	3.250(8)
Cs(2)—O(8)	3.009(8)	O(9)—Cs(3)#2	3.063(9)
Cs(2)—O(10)#8	3.105(6)	O(10)—Cs(2)#6	3.105(6)
Cs(2)—O(7)	3.212(6)	Cs(2)—O(2)#9	3.163(6)
Cs(2)—O(14)	3.31(2)	O(11)—Cs(1)#10	3.481(10)
Cs(2)—O(9)	3.341(11)	O(12)—Cs(1)#5	2.988(8)
Cs(2)—O(3)#10	3.433(7)	O(13)—Cs(1)#1	3.397(13)
Cs(3)—O(5)#12	3.035(7)	Cs(3)—O(13)	3.142(11)
Cs(3)—O(9)#2	3.063(9)	Cs(3)—O(11)#2	3.166(7)

表 5.3　金属—有机配位化合物 (5) 的选定键角表 ●

键名	键长	键名	键长
O(6)—Cs(1)—O(5)#3	151.1(2)	O(13)—Cs(3)—O(11)#2	100.5(3)
O(12)#5—Cs(1)—O(5)#3	85.3(3)	O(5)#12—Cs(3)—O(15)#1	102.0(5)
O(4)#6—Cs(1)—O(5)#3	118.1(2)	O(9)#2—Cs(3)—O(15)#1	96.3(5)
O(1)—Cs(1)—O(5)#3	118.95(15)	O(13)—Cs(3)—O(15)#1	63.4(4)
O(6)—Cs(1)—O(13)#1	84.4(3)	O(11)#2—Cs(3)—O(15)#1	65.8(5)
O(12)#5—Cs(1)—O(13)#1	127.6(3)	O(5)#12—Cs(3)—O(3)#1	114.49(16)
O(4)#6—Cs(1)—O(13)#1	171.5(3)	O(9)#2—Cs(3)—O(3)#1	60.67(18)
O(1)—Cs(1)—O(13)#1	79.5(2)	O(13)—Cs(3)—O(3)#1	98.1(3)
O(5)#3—Cs(1)—O(13)#1	68.2(2)	O(11)#2—Cs(3)—O(3)#1	158.8(2)
O(6)—Cs(1)—O(11)#7	116.66(19)	O(15)#1—Cs(3)—O(3)#1	132.9(5)

● 对称码：#1 −x+1,−y+1,−z−1; #2 −x+2,−y+1,−z+1; #3 −x+1,−y−1,−z+2;#4 x,y−2,z+1; #5 −x+2,−y,−z+1; #6 x,y+1,z−1; #7 x−1,y,z; #8 x,y−1,z+1;#9 −x+1,−y,−z+2; #10 x+1,y,z; #11 −x+2,−y,−z+2; #12 x,y+2,z−1。

续表

键名	键长	键名	键长
O(12)#5—Cs(1)—O(11)#7	112.6(4)	Cs(3)#1—O(3)—Cs(2)#7	94.17(15)
O(4)#6—Cs(1)—O(11)#7	89.7(2)	Cs(1)#8—O(4)—Cs(1)#3	95.8(2)
O(1)—Cs(1)—O(11)#7	169.16(19)	Cs(3)#2—O(9)—Cs(2)	99.3(2)
O(5)#3—Cs(1)—O(11)#7	56.38(17)	Cs(2)#6—O(10)—Cs(2)#2	102.94(19)
O(13)#1—Cs(1)—O(11)#7	89.7(2)	Cs(3)#2—O(11)—Cs(1)#10	83.29(18)
O(6)—Cs(1)—O(4)#3	155.30(18)	Cs(3)—O(13)—Cs(1)#1	85.0(3)
O(12)#5—Cs(1)—O(4)#3	75.6(4)	Cs(3)#1—O(15)—Cs(1)	79.4(4)
O(4)#6—Cs(1)—O(4)#3	84.2(2)	O(9)—Cs(2)—O(3)#10	56.04(18)
O(1)—Cs(1)—O(4)#3	142.65(14)	O(8)—Cs(2)—O(10)#2	157.3(2)
O(5)#3—Cs(1)—O(4)#3	35.62(15)	O(10)#8—Cs(2)—O(10)#2	77.06(19)
O(13)#1—Cs(1)—O(4)#3	100.8(2)	O(2)#9—Cs(2)—O(10)#2	78.1(2)
O(11)#7—Cs(1)—O(4)#3	40.07(15)	O(7)—Cs(2)—O(10)#2	138.47(13)
O(6)—Cs(1)—O(15)	67.8(3)	O(14)—Cs(2)—O(10)#2	103.0(4)
O(12)#5—Cs(1)—O(15)	170.2(4)	O(9)—Cs(2)—O(10)#2	35.43(17)
O(4)#6—Cs(1)—O(15)	117.1(3)	O(11)#7—Cs(1)—O(15)	57.6(3)
O(1)—Cs(1)—O(15)	114.5(3)	O(4)#3—Cs(1)—O(15)	94.9(3)
O(5)#3—Cs(1)—O(15)	88.3(3)	O(8)—Cs(2)—O(10)#8	85.8(3)
O(13)#1—Cs(1)—O(15)	55.9(4)	O(8)—Cs(2)—O(2)#9	106.8(3)
O(10)#8—Cs(2)—O(2)#9	61.48(15)	O(8)—Cs(2)—O(7)	61.04(19)
O(10)#8—Cs(2)—O(7)	107.57(19)	O(2)#9—Cs(2)—O(9)	87.9(2)
O(2)#9—Cs(2)—O(7)	69.5(2)	O(7)—Cs(2)—O(9)	116.38(18)
O(8)—Cs(2)—O(14)	62.7(4)	O(14)—Cs(2)—O(9)	108.4(5)
O(10)#8—Cs(2)—O(14)	92.9(6)	O(8)—Cs(2)—O(3)#10	122.95(18)
O(2)#9—Cs(2)—O(14)	153.7(6)	O(10)#8—Cs(2)—O(3)#10	83.57(17)

键名	键长	键名	键长
O(7)—Cs(2)—O(14)	117.6(4)	O(2)#9—Cs(2)—O(3)#10	116.18(19)
O(8)—Cs(2)—O(9)	161.5(3)	O(7)—Cs(2)—O(3)#10	168.73(16)
O(10)#8—Cs(2)—O(9)	111.51(19)	O(14)—Cs(2)—O(3)#10	62.1(4)

5.3　结构讨论及性质表征

单晶 X 射线衍射分析显示，低成本、易合成的 s-MOCPs：化合物 (5) $(NH_4)_3[Cs_3(BTPCA)_2(DMF)_3]$ 是三斜 P-1 空间群，如表 5.3 所示。其不对称单元包括三个晶体学独立的碱金属离子 Cs^+，两个 $BTPCA^{3-}$ 离子，三个配位的 DMF 分子，以及三个抗衡 NH_4^+ 离子。如图 5.1（a）所示，金属中心离子 Cs^+ 由配体羧基上的氧原子和 DMF 分子连接生成了一维的 Cs—O—Cs 链，其中 Cs1⋯Cs1 距离为 5.103Å，Cs1⋯Cs3 距离为 4.423Å，Cs2⋯Cs3 距离为 4.884Å，Cs2⋯Cs2 距离为 5.269Å。由化合物 (5) 的结构分析可知，其属于离子型 MOCPs，其抗衡阳离子 NH_4^+ 无序地存在于晶体结构孔道中，如图 5.1（b）所示。

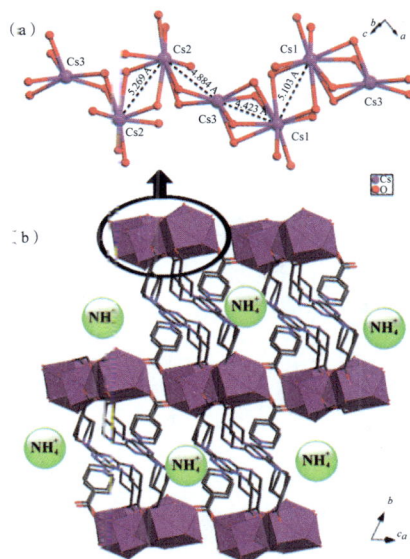

图 5.1　(a) 金属—有机配位化合物 (5) 的一维链示意图；(b) 金属—有机配位化合物 (5) 的三维框架示意图

如图 5.2 所示，对化合物 (5) 进行结构分析，可知 Cs1 采用九配位，与七个来自六个羧基的氧原子（O1，O4#3，O4#4，O5#3，O6，O11#5 和 O12#2）以及两个来自不同 DMF 分子的氧原子（O13#1 和 O15）配位。Cs2 采用八配位，与来自六个羧基的七个氧原子（O2#8，O3#6，O7，O8，O9，O10#7 和 O10#9）以及来自 DMF 分子的一个氧原子（O14）配位。Cs3 采用六配位，与来自四个羧基的四个氧原子（O3#1，O5#10，O9#7 和 O11#7）以及来自两个 DMF 分子的两个氧原子（O13 和 O15#1）配位。Cs—O 键长范围为 2.977（8）～ 3.700（9）Å，与先前报道相符 [45-46]。

通过化合物 (5) 中碱金属中心 Cs1、Cs2 和 Cs3 不同的配位模式（六配位、八配位和九配位）可知，S区金属碱金属离子 Cs+ 由于原子半径大，电荷小，导致配位场稳定性低，配位数多变且不固定，空间构型随着配位数的增加而呈现多维化和复杂化，导致其形成的 s-MOCPs 的配位模式和几何构型复杂且难以定向。

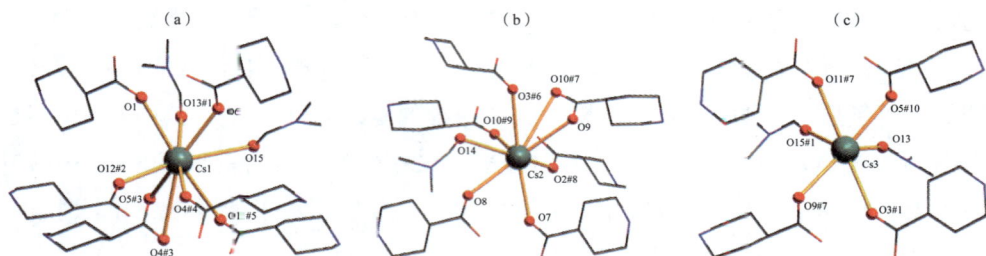

图 5.2　金属—有机配位化合物 (5) 中金属离子 Cs+ 的配位环境图

在化合物 (5) 的分子结构中，H3BTPCA 配体上全部的三个羧基都是去质子化的，配体呈四面体构型，由一维的 Cs—O—Cs 链连，进一步形成三维的结构框架。其以两种桥连模式存在，包括 μ2-η1：η1，μ3-η2：η1 和 μ3-η2：η2，如图 5.3 所示。

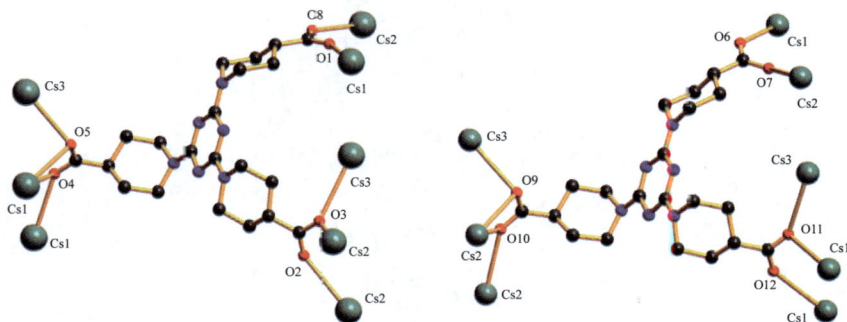

图 5.3　金属—有机配位化合物 (5) 中配体羧酸基团的桥接模式示意图

粉末 X-射线衍射（XRD）被用来验证化合物(5)：(NH4)3[Cs5(BTPCA)2(DMF)3]

样品的纯度。如图 5.4 所示，将所得化合物 (5) 的微晶样品进行粉末 X- 射线衍射测试和分析可知，化合物 (5) 的 XRD 图与单晶结构分析对应的模拟图对比在衍射峰强度、位置和峰形上没有出现明显的区别，其小角度衍射峰均与其单晶模拟结果的衍射峰吻合，这表明化合物 (5) 的晶态样品具有较好的纯度。

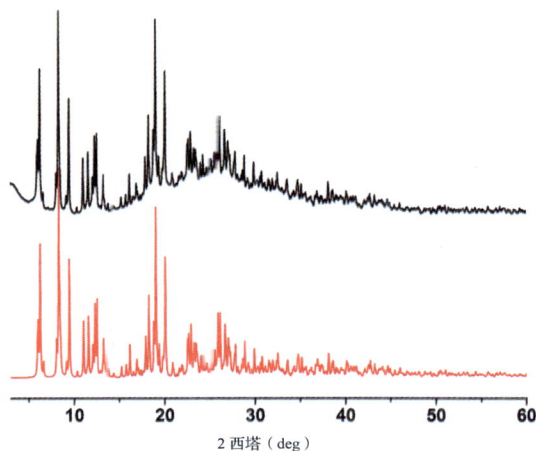

2 西塔（deg）

图 5.4　金属—有机配位化合物 (5) 的模拟和合成 XRD 图谱

根据 Platon[47] 测试化合物 (5) 的溶剂可及空间和孔隙率分别为 243.4Å^3 和 7.1%。红外光谱分析显示化合物 (5) 在 1676cm^{-1} 的特征峰归因于 DMF 分子的 C ＝ O 伸缩振动（图 5.5）。

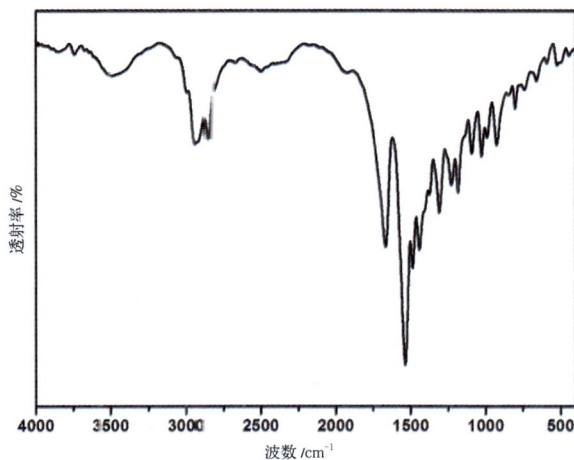

透射率 /%

波数 /cm^{-1}

图 5.5　金属—有机配位化合物 (5) 的红外光谱图

热重分析显示其有良好的稳定性，在 280℃ 之前的 17.51% 的失重（计算值为 17.25%）对应于 NH$_4^-$ 和配位 DMF 分子的失去，进一步从 280 ～ 500℃ 的失重 55.52%（计算值为 56.08%）对应于化合物 (5) 主体框架的坍塌（图 5.6）。

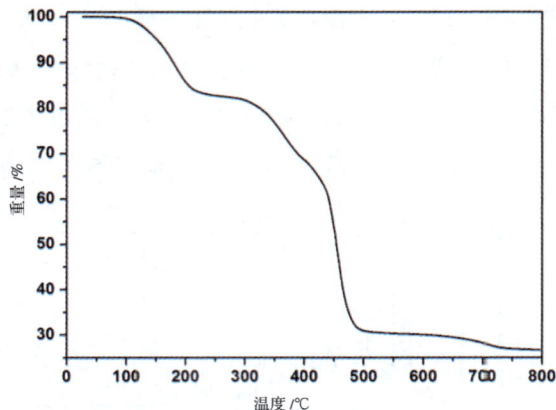

图 5.6　金属—有机配位化合物 (5) 的热重分析图

5.4　化合物 (5) 的荧光调控研究

为了研究具有荧光性质的 s-MOCPs 的荧光性能，化合物及配体的固态荧光发射性质被荧光实验测定：固定发射波长，扫描荧光激发光谱；设定激发波长 365nm 为激发波长，在 380 ～ 650nm 范围内扫描荧光发射光谱。配体 H$_3$BTPCA 和化合物 (5) 的固态荧光测试实验结果显示，其激发光谱相同，均在 250 ～ 400nm 处有宽峰，最大激发波长为 365nm，如图 5.7 所示。由于 Stoke's 红移，化合物 (5) 的荧光发射波长为 443nm，与配体的荧光发射波长 438nm 相比略有红移，如图 5.8 所示。

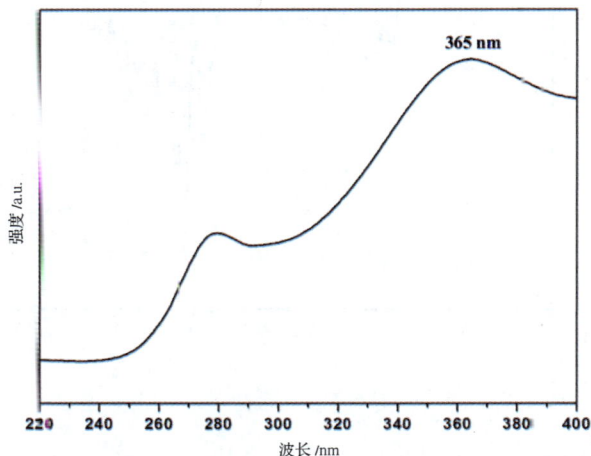

图 5.7　配体和金属—有机配位化合物 (5) 的激发光谱图

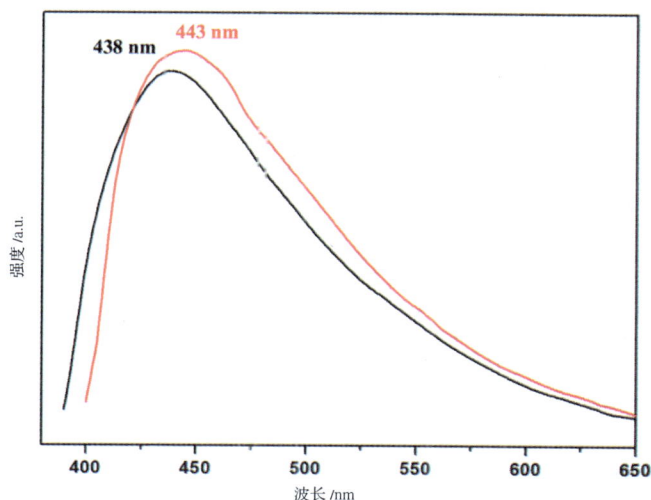

图 5.8　配体与金属—有机配位化合物 (5) 的发射光谱图

化合物 (5) 的荧光发射是基于具有荧光物质的氮杂环共轭配体 H_3BTPCA，后者具有强的荧光发射。当配体形成化合物时，其荧光发射强度的增加和发射位置的红移是由于在配体与碱金属离子 Cs^+ 配位后，整体框架刚性增加，这有助于减少配体内部激发态非辐射能量衰减的损失，提高了能量迁移效率，进而使荧光发射效率增加，导致荧光发射增强和发射位置红移[48]。

如前所述，化合物 (5) 的结构特征是其分散在结构孔内自由存在的 NH_4^+，因此可以利用离子交换法引入稀土金属离子，从而对化合物 (5) 的荧光颜色进行调控。将晶态样品溶于含有不同浓度的稀土金属离子 Tb^{3+} 的乙醇溶液中，使其与多孔且稳定的化合物 (5) 中的游离 NH_4^+ 进行离子交换。将与不同浓度的稀土金属离子 Tb^{3+} 进行离子交换后的各化合物样品 Tb@Cs-BTPCA 进行洗涤、过滤、烘干后，分别进行固态荧光发射实验。本研究中所有固态荧光发射实验均在相同条件下进行。

如表 5.4 所示，在反应之初，化合物样品的荧光发射仅显示配体的特征发射峰，根据其荧光发射光谱的发射强度和发射位置计算，样品在色度图内所对应的 CIE 坐标位于点 A（0.2124，0.2228）。随着 Tb^{3+} 浓度的增加（0.020mol·L^{-1}），与其离子交换后的化合物样品的荧光光谱中，Tb^{3+} 的特征峰开始显现，所对应的 CIE 坐标略有移动（0.2239，0.2698）。随着 Tb^{3+} 浓度的增加（0.350mol·L^{-1}），离子交换程度不断加深，对应于 $^5D_4 \rightarrow {}^7F_J$（$J=6 \sim 3$）跃迁的 Tb^{3+} 的特征峰（491nm、545nm、587nm 和 623nm）逐渐增强，在 CIE 图中的坐标位置移向绿光区域至点 F（0.2691，0.4317），如图 5.9（a）所示。然而，在整个过程中配体的荧光发射几乎没有改变，这证实了在整个过程中 Tb^{3+} 与化合物主框架没有发生强的能量交换，最后，当 Tb^{3+} 的浓度增加到 $0.580mol \cdot L^{-1}$ 时，继续增加 Tb^{3+} 的浓度，其荧光强度不再变化，相对应 CIE 色度图中的坐标不再移动（0.2848，0.5232）。

表5.4　掺杂 Tb^{3+} 的金属—有机配位化合物 (5) 的元素分析和色度坐标表

样品（点）	镧系金属	Wt% Tb 计算	Wt% Tb 构建	浓度	CIE 色系坐标
5(A)	—	0	0	0	(0.2124, 0.2228)
5(B)	Tb	0.08%	0.07%	0.02	(0.2239, 0.2698)
5(C)	Tb	0.25%	0.25%	0.070	(0.2383, 0.3120)
5(D)	Tb	0.42%	0.41%	0.100	(0.2491, 0.3402)
5(E)	Tb	0.58%	0.56%	0.180	(0.2512, 0.3681)
5(F)	Tb	0.75%	0.76%	0.350	(0.2691, 0.4317)
5(G)	Tb	0.84%	0.81%	0.450	(0.2779, 0.4785)
5(H)	Tb	0.96%	0.94%	0.600	(0.2848, 0.5232)

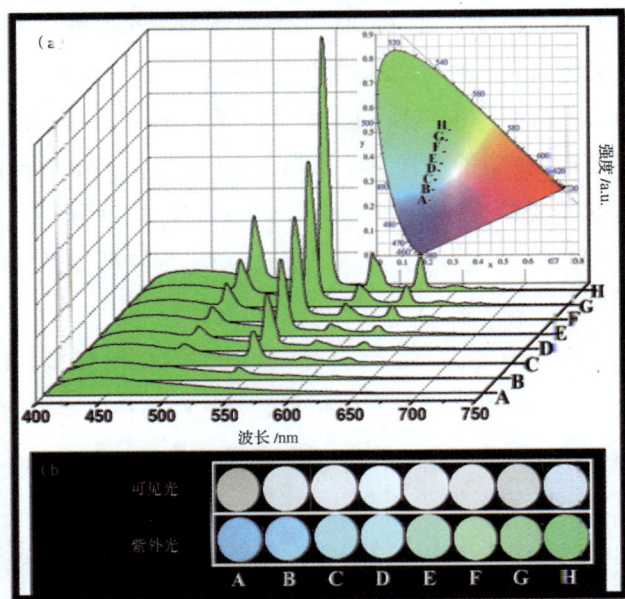

图5.9　(a) 掺杂 Tb^{3+} 的金属—有机配位化合物 (5) 的荧光发射光谱变化图；(b) 掺杂 Tb^{3+} 的金属—
有机配位化合物 (5) 在光照和紫外光下的照片

当进行关于化合物 (5) 中游离 NH_4^+ 与不同浓度的稀土金属离子 Eu^{3+} 进行离子交换实验时，将所获得的一系列 Eu@Cs-BTPCA 样品进行固态荧光测试，观察其基于 Eu^{3+} 浓度变化的荧光变化情况，实验结果如表 5.5 所示。如同预期，与 Tb@Cs-BTPCA 相似，Eu@Cs-BTPCA 系列化合物的荧光发射和 CIE 坐标随稀土金属离子 Eu^{3+} 的浓度变化呈现规律性变化。

表 5.5　掺杂 Eu^{3+} 的金属—有机配位化合物 (5) 的元素分析和色度坐标表

样品（点）	元素	Wt% Eu 计算	Wt% Eu 构建	浓度	CIE 色系坐标
5(A)	—	0	0	0	(0.2124, 0.2228)
5(I)	Eu	0.08%	0.08%	0.005	(0.2372, 0.2321)
5(J)	Eu	0.24%	0.25%	0.010	(0.2987, 0.2473)
5(K)	Eu	0.41%	0.40%	0.030	(0.3807, 0.2532)
5(L)	Eu	0.57%	0.56%	0.070	(0.4021, 0.2586)
5(M)	Eu	0.73%	0.75%	0.100	(0.4656, 0.2646)
5(N)	Eu	0.81%	0.83%	0.150	(0.5122, 0.2718)
5(O)	Eu	0.90%	0.89%	0.200	(0.5935, 0.2798)

如表 5.5 所示，样品在色度图内所对应的 CIE 坐标位于点 A（0.2124，0.2228），随着 Eu^{3+} 浓度的增加，逐渐向红色荧光区域移动，当 Eu^{3+} 的浓度达到 $0.010 mol \cdot L^{-1}$ 时，离子交换并处理后测得样品的固态荧光发射所对应的 CIE 坐标进入紫红色荧光区域至点 J（0.2987，0.2473），稀土金属离子特征跃迁峰 $^5D_0 \rightarrow {}^7F_J$（$J = 0 \sim 4$）逐渐显露：590nm 的峰为 $^5D_0 \rightarrow {}^7F_1$ 的跃迁，即磁耦合跃迁，618nm 的峰为 $^5D_0 \rightarrow {}^7F_2$ 的跃迁，即电耦合跃迁，650nm 和 695nm 的峰分别归属于 $^5D_0 \rightarrow {}^7F_3$ 和 $^5D_0 \rightarrow {}^7F_4$ 电耦合跃迁。最后，当 Eu^{3+} 的浓度达到 $0.200 mol \cdot L^{-1}$ 时，在 CIE 色度图上对应的荧光位置移到红光区，对应坐标为点 O（0.5935，0.2798），然而，在整个过程中配体的荧光发射几乎没有改变，这证实了在整个过程中 Tb^{3+} 与化合物主框架没有发生强的能量交换，如图 5.10（a）所示。

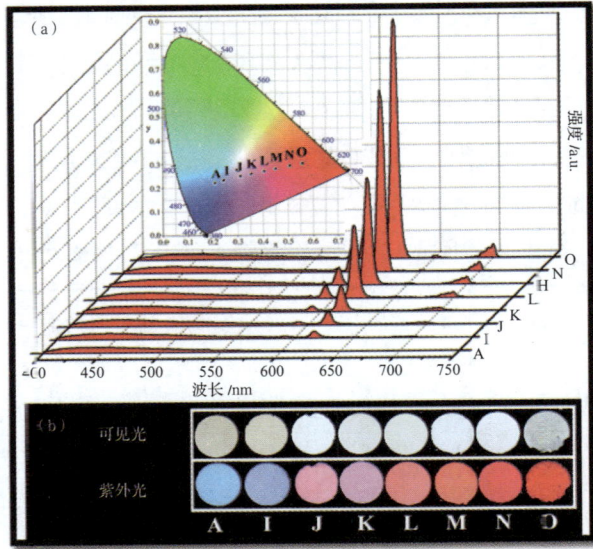

图 5.10　(a)掺杂 Eu^{3+} 的金属—有机配位化合物(5)的荧光发射光谱变化图; (b)掺杂 Eu^{3+} 的金属—有机配位化合物(5)在光照和紫外光下的照片

对化合物(5)、各 Tb@Cs-BTPCA 和 Eu@Cs-BTPCA 样品的 XRD 谱图的形状、强度进行对比分析，结果显示它们是相似的，说明在离子交换的实验过程中，化合物(5)的主体框架结构没有改变（图 5.11）。

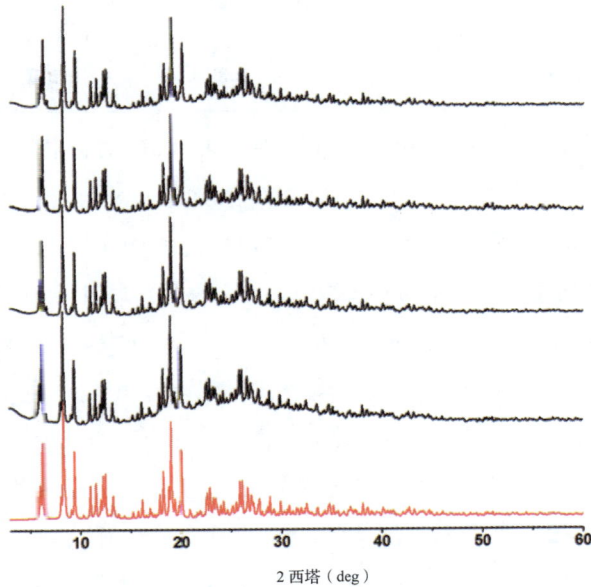

图 5.11　金属—有机配位化合物(5)与掺杂 Eu^{3+} 和 Tb^{3+} 的 PXRD 变化对比图

化合物(5)以及各 Tb@Cs-BTPCA 和 Eu@Cs-BTPCA 样品在可见光和紫外

光下的照片如图 5.9（b）和图 5.10（b）所示。以上实验提供了一个简单方便的对 s-MOCPs 进行荧光颜色调控的方法，获得了包括蓝、青、绿、粉、红在内的多种 RGB 荧光颜色所对应的化合物 (5) 与稀土金属离子的调控浓度数据。

另外，对与 NH_4^+ 交换的 Tb^{3+} 和 Eu^{3+} 在一定浓度范围内的荧光发射变化，以及各样品的荧光发射在色度图中坐标颜色的变化规律进行分析发现，部分样品的荧光颜色变化轨迹处于白色荧光区域附近，这意味着利用稀土金属离子 Tb^{3+} 和 Eu^{3+} 与化合物同时进行离子交换，可能通过精密的调控获得白光发射材料。

因此，在原有的化合物 (5) 的蓝光发射基础上，基于三原色原理和先前实验数据，经过系统调制稀土金属离子 Tb^{3+} 和 Eu^{3+} 的浓度配比，最终，通过大量的实验摸索出了获得白光发射材料的合理配比 $Tb_{0.85}Eu_{0.15}@Cs$-BTPCA。实验数据表明，所交换的 Eu^{3+} 的量远远少于 Tb^{3+} 的量，这可能是由于 Eu^{3+} 具有更高的发光效率，其最低发射能级（$17250cm^{-1}$）低于 Tb^{3+} 的最低发射能级（$20500cm^{-1}$）。最终所获得的基于 s-MOCPs 化合物 (5) 的 $Tb_{0.08}Eu_{0.50}@Cs$-BTPCA 的 CIE 色度图坐标位于点 P（0.3255，0.3272），这与国际标准白光发射 CIE 色度图位点（0.3333，0.3333）十分相近，如图 5.12 所示。

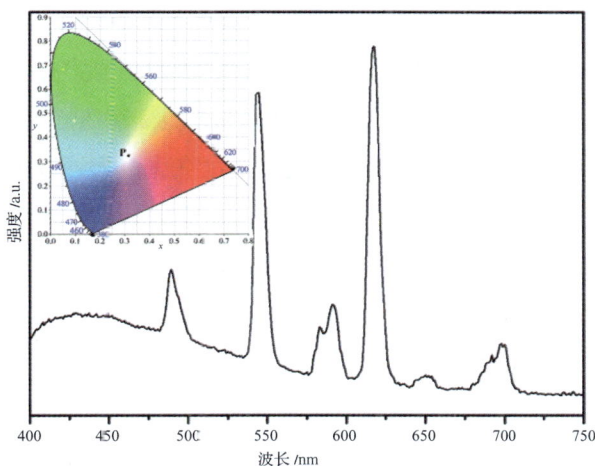

图 5.12　在 365nm 激发下，掺杂稀土金属离子的发射光谱图和色度变化图

通过以上研究可知，前期实验所获得的系列 Tb@Cs-BTPCA 和 Eu@Cs-BTPCA 在不同稀土金属离子浓度下的 CIE 色度图坐标轨迹呈现规律性变化，分别从蓝色荧光区域到绿色荧光区域，和从蓝色荧光区域到红色荧光区域。配体强的蓝色荧光发射为通过离子交换所得的化合物的荧光颜色调控提供了有利条件。考虑到配体的荧光发射可以通过改变激发波长调整，当以 394nm 的激发波长代替最优化的 365nm 激发波长时，化合物 (5) 的蓝色荧光发射强度略有降低，发射

位置红移至 473nm，这归因于配体内部 $\pi-\pi^*$ 的电子跃迁的变化，使化合物的荧光发射所对应的色度图位置在 CIE 坐标中从蓝光区域移至蓝—绿光区域，如图 5.13 所示。

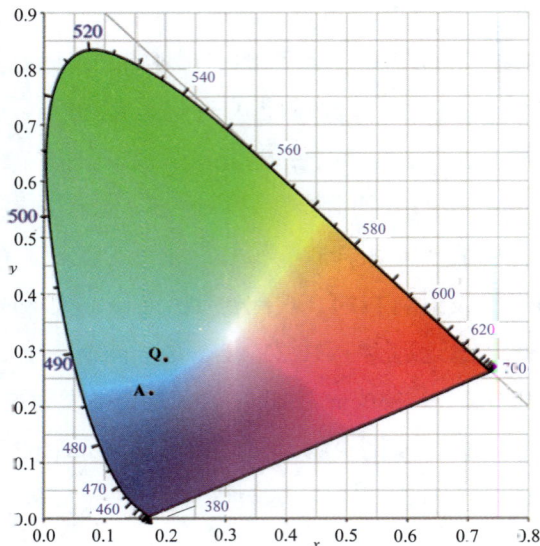

图 5.13　化合物 (5) 在激发波长为 365 nm 和 394 nm 的发射光谱和色度图

在此条件下，我们尝试只利用一种稀土金属离子 Eu^{3+} 与 NH_4^+ 进行离子交换，以 394nm 为激发波长，利用不同浓度的 Eu^{3+} 进行实验。将所得到的一系列固态样品进行荧光测试，并进一步精密地调控浓度比，如同预期，这些坐标点的移动轨迹从蓝光区域到红光区域，其间经过了白光区域（图 5.14），其荧光发射所对应的 CIE 色度图坐标如表 5.6 所示。在 394nm 激发波长下，白光发射的化合物 $Eu_{0.05}@Cs$-BTPCA 被获得，其 CIE 坐标位于点 U（0.3264，0.3429），非常接近于国际标准白光发射 CIE 色度图位点（0.3333，0.3333）。

表 5.6　掺杂稀土金属离子的金属—有机配位化合物 (5) 的元素分析和色度坐标图

样品（点）	元素	Wt% 计算	Wt% 构建	CIE 色系坐标
5(P)	Tb & Eu	0.46% & 0.18%	0.45% & 0.19%	(0.3255, 0.3272)
5(Q)	Eu	0.15%	0.16%	(0.2126, 0.2965)
5(R)	Eu	0.42%	0.44%	(0.2631, 0.3329)
5(S)	Eu	0.61%	0.58%	(0.3652, 0.3589)

样品（点）	元素	Wt% 计算	Wt% 构建	CIE 色系坐标
5(T)	Eu	0.79%	0.75%	(0.4175, 0.3824)
5(U)	Eu	0.37%	0.36%	(0.3264, 0.3429)

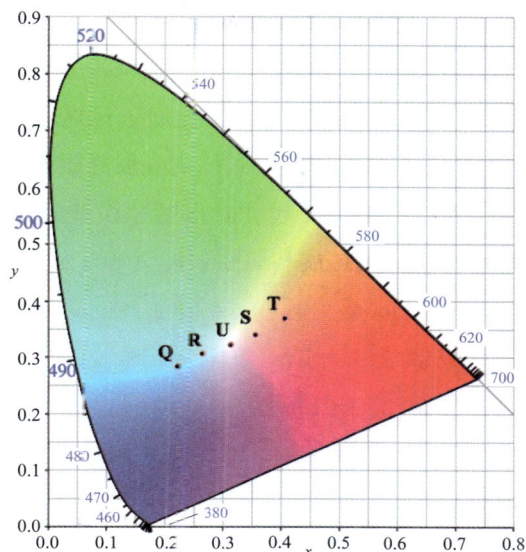

图 5.14 在 394 nm 激发下，掺杂稀土金属离子的金属—有机配位化合物 (5) 的 CIE 色度图

5.5 本章小结

本章中，我们通过利用不发光的 S 区碱金属离子 Cs^+ 和一个强的蓝色荧光发射的配体 H_3BTPCA，合成了新颖的 s-MOCPs：$(NH_4)_3[Cs_3(BTPCA)_2(DMF)_3]$，其具有三维多孔的结构特征，稳定性好，且含有游离 NH_4^+ 抗衡阳离子，可通过引入稀土金属离子进行荧光发射调控研究和白光发射材料的制备（图 5.15）。

在实验中，通过离子交换的后合成方法，分别向化合物中引入不同浓度的稀土金属离子 Tb^{3+} 和 Eu^{3+}，实现了对化合物 (5) 荧光颜色的调控，并且利用稀土金属离子 Tb^{3+} 和 Eu^{3+} 对化合物的双离子交换，合成了白光发射材料 $Tb_{0.85}Eu_{0.15}@$ Cs-BTPCA。进一步研究发现，通过改变化合物的激发波长，白光发射可以通过仅引入一种稀土金属离子 Eu^{3+} 来实现。

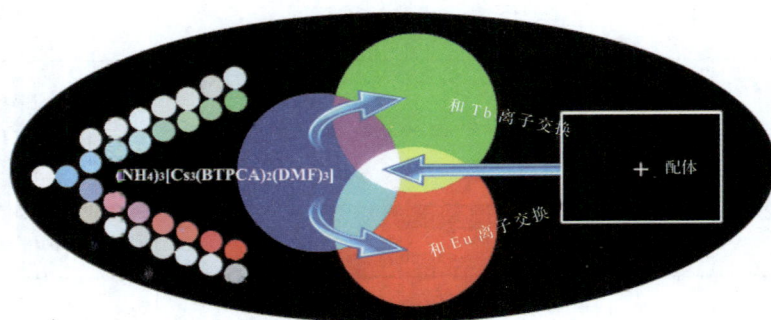

图 5.15　本章主要内容示意图

本研究通过基于离子型 s-MOCPs 与稀土金属进行离子交换，探索了一种以低成本的碱金属离子为基质，通过调控引入稀土金属离子的浓度来进行荧光颜色调控和白光发射的可行方法，提供了设计合成新型荧光材料的可参考路径，使 s-MOCPs 作为荧光功能材料得到拓展和应用。

参考文献

[1] Schubert E F,Kim J K.Solid-state light sources getting smart [J].Science,2005,308(5726):1274-1278.

[2] Feldmann C,Jüstel T,Ronda C R,et al.Inorganic luminescent materials:100 years of research and application [J].Adv. Funct. Mater.,2003,13(7):511-516.

[3] Suh M P,Park H J,Prasad T K,et al.Hydrogen storage in metal-organic frameworks [J].Chem. Rev., 2011, 112:782-835.

[4] Zheng Q,Yang F,Deng M,et al.A porous metal-organic framework constructed from carboxylate-pyrazolate shared heptanuclear zinc clusters:Synthesis,gas adsorption,and guest dependent luminescent properties [J].Inorg. Chem., 2013, 52:10368-10374.

[5] Coppo P,Duati M,Kozhevnikov V N,et al.White-light emission from an assembly comprising luminescent iridium and europium complexes [J].Angew. Chem. Int. Ed.,2005,44(12):1806-1810.

[6] Jayaramulu K,Kanoo P,George S J,et al.Tunable emission from a porous metal-organic framework by employing an excited-state intramolecular proton transfer responsive ligand [J].Chem. Commun.,2010,46(42):7906-7908.

[7] Wibowo A C,Vaughn S A,Smith M D,et al.Novel bismuth and lead coordination

polymers synthesized with pyridine-2,5-dicarboxylates:Two single component "white" light emitting phosphors [J].Inorg. Chem.,2010,49(23):11001-11008.

[8]　Xu H-B,Chen X-M,Zhang Q-S,et al.Fluoride-enhanced lanthanide luminescence and white-light emitting in multifunctional $Al_3Ln_2(Ln=Nd,Eu,Yb)$ heteropentanuclear complexes [J].Chem. Commun.,2009(47):7318-7320.

[9]　Roushan M,Zhang X,Li J.Solution-processable white-light-emitting hybrid semiconductor bulk materials with high photoluminescence quantum efficiency [J]. Angew. Chem. Int. Ed.,2012,51(2):436-439.

[10]　Green W H,Le K P,Grey J,et al.White phosphors from a silicate-carboxylate sol-gel precursor that lack metal activator ions [J].Science, 1997,276(5320):1826-1828.

[11]　Liao Y-C,Lin C-H,Wang S-L.Direct white light phosphor: A porous zinc gallophosphate with tunable yellow-to-white luminescence [J].J. Am. Chem. Soc.,2005,127(28):9986-9987

[12]　Lima P c P,Almeida Paz F A,Ferreira R A S,et al.Ligand-assisted rational design and supramolecular tectonics toward highly luminescent Eu^{3+}-containing organic-inorganic hybrids [J].Chem. Mater.,2009,21(21):5099-5111.

[13]　Luo L,Zhang X X,Li K F,et al.Er/Yb doped porous silicon—a novel white light source [J].Adv. Mater.,2004,16(18):1664-1667.

[14]　Zhao Y S,Fu H B,Hu F Q,et al.Tunable emission from binary organic one-dimensional nanomaterials:An alternative approach to white-light emission [J]. Adv. Mater.,2008,20(1):79-83.

[15]　Mazzeo M,Vitale V,Della Sala F,et al.Bright white organic light-emitting devices from a single active molecular material [J].Adv. Mater.,2005,17(1):34-39.

[16]　Ju Q,Tu D,Liu Y,et al.Amine-functionalized lanthanide-doped KGdF4 nanocrystals as potential optical/magnetic multimodal bioprobes [J].J. Am. Chem. Soc.,2012,134(2):1323-1330.

[17]　Sun Z,Bai F,Wu H,et al.Monodisperse fluorescent organic/inorganic composite nanoparticles:Tuning full color spectrum [J].Chem. Mater.,2012, 24(17):3415-3419.

[18]　Bowers M J,McBride J R,Rosenthal S J.White-light emission from magic-sized cadmium selenide nanocrystals [J].J. Am. Chem. Soc.,2005,127(44):15378-15379.

[19] He G,Guo D,He C,et al.A color-tunable europium complex emitting three primary colors and white light [J].Angew. Chem. Int. Ed.,2009,48(33):6132-6135.

[20] Herm Z R,Wiers B M,Mason J A,et al.Separation of hexane isomers in a metal-Organic framework with triangular channels[J].Science,2013,340:960-4.

[21] Zhu X-H,Peng J,Cao Y,et al.Solution-processable single-material molecular emitters for organic light-emitting devices [J].Chem. Soc. Rev.,2011,40(7):3509-3524.

[22] Mao Z-y,Wang D-j.Color tuning of direct white light of lanthanum aluminate with mixed-valence europium [J].Inorg. Chem.,2010,49(11):4922-4927.

[23] Huang C-H,Chen T-M.Novel yellow-emitting $Sr_8MgLn(PO_4)_7:Eu^{2+}$(Ln=Y,La) phosphors for applications in white leds with excellent color rendering index [J]. Inorg. Chem.,2011,50(12):5725-5730.

[24] Sasabe H,Kido J.Multifunctional materials in high-performance oleds:Challenges for solid-state lighting [J].Chem. Mater.,2010,23(3):621-630.

[25] Liu J,Yang Q,Zhang L,et al.Thioether-bridged mesoporous organosilicas:Meso-phase transformations induced by the bridged organosilane precursor [J].Adv. Funct. Mater.,2007,17(4):569-576.

[26] Du D-Y,Qin J-S,Li S-L,Su Z-M,Lan Y-Q.Recent advances in porous polyoxometalate-based metal-organic framework materials[J].Chem. Soc. Rev.,2014,43:4515-32.

[27] Rocha J,Carlos L D,Paz F A,et al.Luminescent multifunctional lanthanides-based metal-organic frameworks [J].Chem. Soc. Rev.,2011,40(2):926-940.

[28] Allendorf M D,Bauer C A,Bhakta R K,et al.Luminescent metal-organic frameworks [J]. Chem. Soc. Rev.,2009,38(5):1330-1352.

[29] De Lill D T,de Bettencourt-Dias A,Cahill C L.Exploring lanthanide luminescence in metal-organic frameworks: Synthesis,structure,and guest-sensitized luminescence of a mixed europium/terbium-adipate framework and a terbium-adipate framework [J].Inorg. Chem.,2007,46(10):3960-3965.

[30] Falcaro P,Furukawa S.Doping light emitters into metal-organic frameworks [J]. Angew. Chem. Int. Ed.,2012,51(34):8431-8433.

[31] Kreno L E,Leong K,Farha O K,et al.Metal-organic framework materials as chemical sensors [J].Chem. Rev.,2011,112(2):1105-1125.

[32] Bünzli J-C G.Lanthanide luminescence for biomedical analyses and imaging [J]. Chem. Rev.,2010,110(5):2729-2755.

[33] Cui Y,Yue Y,Qian G,et al.Luminescent functional metal-organic frameworks [J]. Chem. Rev.,2012,112(2):1126-1162.

[34] He D F,Tang Q,Liu S M,et al.White-light emission by selectively encapsulating single lanthanide metal ions into alkaline earth metal-organic coordination polymers[J].Dyes. Pigm.,2015(122):317-323.

[35] Hui J,Wang X.Luminescent,colloidal,f-substituted,hydroxyapatite nanocrystals[J].Chemistry-A European Journal,2011,17:6926-30.

[36] Cui Y,Yue Y,Qian G,Chen B.Luminescent functional metal-organic frameworks[J].Chem. Rev.,2011,112:1126-62.

[37] Chen K,Liang L L,Cong H,et al.P-Hydroxybenzoic acid-induced formation of a novel framework based on direct coordination of caesium ions to cucurbit uril[J]. Cryst Eng Comm,2012,14(11):3862-3864.

[38] Reger D L,Leitner A,Smith M D.Cesium complexes of naphthalimide substituted carboxylate ligands:Unusual geometries and extensive cation-π interactions[J].J. Mol. Struct.,2015,1091:31-36.

[39] Wong N,Hurd J A,Vaidhyanathan R,et al.A proton-conducting cesium sulfonate metal organic framework[J].Can. J. Chem.,2015,93(9):988-991.

[40] N. F. M. Henry, K. Lonsdale. International tables for X-ray crystallography[M]. Birmingham:Kynoch Press, 1952.

[41] Sheldrick, G. M. SHELXS-97:Programs for crystal structure solution[M]. Götingen:University of Götingen, 1997.

[42] Wang Q Y,Zhang X L,Meng Q H,et al.Metal-organic coordination polymers based on Cs(I),Rb(I) and isoflavone-3'-sulfonate ligands[J] Polyhedron,2015,85:953-961.

[43] Bertke J A,Oliver A G,Henderson K W.Effects of the alkali-metal cation size on molecular and extended structures:Formation of coordination polymers and hybrid materials in the homologous series [(4-Et-C$_6$H$_4$OM) · (diox)$_n$], M=Li,Na,K,Rb,Cs [J].Inorg. Chem.,2012,51(2):1020-1027.

[44] Spek A L. PLATON, A multipurpose crystallographic tool [M].Utrecht University, 2001.

[45] Robin A Y.Fromm K M.Coordination polymer networks with O- and N-donors:What they are,why and how they are made[J].Coord. Chem. Rev.,2006,250:2127-2257.

第六章 结 论

本书合成了系列稳定、多孔且具有活性位点的荧光 s-MOCPs 化合物，表征了其结构，探讨了 s-MOCPs 化合物的性质和结构的相关性，并系统地研究了这些 s-MOCPs 化合物的荧光颜色调控、白光发射以及对重金属离子、有机污染物、有毒气体的传感等性能应用。本文的主要创新性工作、结论与展望如下：

（1）选用荧光发射强的刚性功能配体构筑了 s-MOCPs。该蓝色荧光发射的化合物内部的路易斯碱活性位点可以与金属离子相互作用，从而影响化合物的荧光强度。通过研究化合物对不同金属离子的荧光响应，研究了化合物对特定金属离子的选择性猝灭传感。通过后合成方法引入少量稀土金属离子对化合物进行荧光调控，摸索化合物的荧光颜色随稀土离子浓度变化的规律，从而实现了双稀土协同化合物的白光发射。此外，通过改变激发波长，调整化合物的荧光颜色在色度图中的移动轨迹，使其覆盖白光发射区域，实现了单稀土协同化合物的白光发射。

突破了传统的三原色双稀土发白光方法，通过选择性地引入金属离子和调整激发波长，探索色度轨迹移动规律，找到了引入单稀土实现白光发射的路径，阐明了反应机理，为可控合成基于 s-MOCPs 的白光发射和荧光传感材料提供了新思路。

（2）选用荧光发射弱的柔性功能配体构筑了 s-MOCPs。该黄色荧光发射的化合物内部的路易斯酸活性位点可以与胺类气体相互作用，从而影响化合物的荧光颜色。通过自制的荧光传感指示盒进行了大量的气体传感实验，实验结果显示出化合物仅与胺类气体作用时产生显著的荧光颜色从淡黄到橙红的变化，深入探索了传感机理，表明所合成化合物是一种高灵敏度、低成本、易合成、响应快、无干扰、可重复利用的有前途的功能传感材料。

当前研究工作是第一例通过荧光颜色变化，用肉眼即可检测胺类气体的基于

s-MOCPs 的荧光传感材料。可利用自制的传感指示盒方便快速地检测有毒气体，在生物医药、食品质量、环境监测和其他领域具有广泛的应用前景。

（3）选用两个荧光较弱的刚性平面配体，构筑了具有特征荧光发射光谱的 s-MOCPs。其特殊的螺旋桨分子构型可以最大程度地避免 π···π 堆积作用，从而降低非辐射能量损失，使化合物的荧光发射与单独配体相比显著增强。化合物通过竞争配位取代效应，对有机污染物除草剂选择性地猝灭传感，可利用紫外灯和测试条方便地实现检测。化合物在水环境中通过分子内能量转移对有毒镉离子的选择性传感检测限低于美国国家环境保护局的规定。

当前研究工作是致力于发展混合配体构筑的荧光 s-MCCPs 的重要一步，在利用荧光较弱的配体合成荧光强的传感器材料方面积累了经验，为下一步制备基于 s-MOCPs 的膜传感材料进行有害物质的检测奠定了基础。

（4）选用碱金属离子和荧光配体设计合成一种三维多孔的离子型荧光 s-MOCPs。通过离子交换，引入单稀土金属离子或双稀土金属离子，在不改变主体框架荧光性质的情况下，进行了化合物的荧光颜色调控，是一种简化荧光调控过程的可行方法，实现了白光发射。

当前研究工作首次设计了离子型 s-MOCPs 与稀土金属离子交换实现荧光调控，提供了设计合成新型荧光材料的有价值的参考信息。下一步研究将着重于这类材料的纳米化和器件化，使 s-MOCPs 作为新型荧光功能材料得到拓展和应用。

后　记

斗转星移，日月如梭。进入东北师范大学攻读博士学位的科研四年里，净湖旁的石碑上，逸夫科学馆的角落里，都融藏了我最难忘的岁月和心路历程。我首先要诚挚地感谢我的恩师刘术侠教授，她是我见过言辞最刚直、内心最柔软的人。恩师将毫无基础的我纳入课题组，手把手一步步指导我迈入科学殿堂。无数次促膝长谈，无数次逐句改稿……我所取得的点滴成绩都凝聚着恩师的心血。她常说："化学最不埋没人，只要肯坚持、勤奋努力，一定会有收获！"这句话一直激励着我。对于求学者来说，师从刘术侠教授是一生的幸事，恩师宽广独特的科学视野、埋头学术的研究态度、宽人律己的处事风格、细腻良苦的用心，以及将尊重融入点点滴滴的教育皆着眼于学生的未来，使我在各个层面受益。恩师给予我的很多东西实在无法用语言形容，同时，课题组的正能量风气深刻地影响了我未来的工作与生活，激励我胸怀坦荡地真实做人，并不懈地追求上进！

东北师范大学化学学院各位宽良仁厚的师长在科研路上给予我的指导和帮助，值得我铭记终身，各位师长在自身专业领域的精深造诣、和蔼耐心的待人态度，永远值得我学习。同时，课题组优秀的同门们在我初入门时给予的无私帮助，使我受益匪浅！

家人长期以来对我的支持更是我科研路上的力量之源。初到长春时，我的孩子尚在襁褓中，几年过去了，她已进入学前班，坚韧、明理超出常人。每思及此，心中愧疚。感谢慈爱的双亲和宽容的爱人一直为奔赴外地、抛家舍业，一心完成科研任务的我默默分担家庭责任，是你们的理解让我坚持到了今天！

最后，祝愿每位读者遂心如意，平安健康，工作顺利，生活幸福！

何丹凤

2023 年 3 月